Die statisch Unbestimmte

Anleitung zur praktischen Berechnung
von statisch unbestimmten Systemen
im Flugzeugbau

von

Ing. Adolf Wegener

Mit 83 Abbildungen und
21 Berechnungstabellen

1940

DR. M. MATTHIESEN & CO. / BERLIN

Druck der Spamer A.-G. in Leipzig

Vorwort.

Die vorliegende Einführung in die Berechnung von statisch unbestimmten Systemen und die Anwendung in der Flugzeugstatik setzt keine Kenntnis der höheren Mathematik voraus. Allen Studierenden sowie den jungen Ingenieuren der Praxis, die sich dem Flugzeugbau zuwenden wollen, wird die Möglichkeit gegeben, sich mit geringen mathematischen Kenntnissen in das Problem der statisch unbestimmten Berechnungen einzuarbeiten.

Der moderne Flugzeugbau ist ohne Anwendung von statisch unbestimmten Systemen undenkbar. An den Schulen fehlt aber oft die Zeit, um dieses Problem eingehend zu behandeln. Aus diesem Grunde sieht man sich in der Praxis gezwungen, fehlende Lücken auszugleichen.

In Form von Betriebsschulungen habe ich in den vergangenen Jahren die Verformungen von Fachwerken und die Berechnung von statisch unbestimmten Systemen eingehend behandelt. Auf Grund von Frage und Gegenfrage aus dem Hörerkreis ist das ganze Problem systematisch durchgearbeitet. Hierbei bin ich nicht von der theoretischen, sondern von der praktischen Seite aus vorgegangen. Aus den Verformungen der Bauglieder werden mit Hilfe der niederen Mathematik die Gleichungen für ein- und mehrfach statisch unbestimmte Systeme abgeleitet. Weiter ist die praktische Durchrechnung an Hand von Beispielen erklärt, so daß sich die vorliegende Zusammenstellung auch gut zum Selbststudium eignet.

Vielseitigem Wunsch entsprechend habe ich mich entschlossen, das Vorgetragene zu veröffentlichen.

An dieser Stelle sei auch meinem Betriebsführer, Herrn Professor Dr. Ernst Heinkel, ein besonderer Dank für die freundliche Genehmigung zur Veröffentlichung dieses Buches ausgesprochen.

Seestadt Rostock-Reutershagen, im April 1940.

Wegener

Inhaltsverzeichnis.

Teil I. Verformungen.

1. Längenänderung eines Stabes unter dem Einfluß einer Längskraft.

Treffen auf einen festgelagerten Körper äußere Kräfte auf, so wird der Körper sich so weit verformen, bis die inneren Kräfte gleich der äußeren Kräften geworden sind und somit Kräftegleichgewicht hergestellt ist. Die Verformung des Körpers hängt im wesentlichen von der Materialeigenschaft und von der Beanspruchungsart (also Wirkung der Last) ab.

Es soll zunächst der reine Zugstab betrachtet werden.

Die Verlängerung des in Abb. 1 dargestellten Stabes Δl ist proportional der Belastung P und der Länge l und umgekehrt proportional dem Elastizitätsmodul E (Materialfestigkeit) und dem Querschnitt F

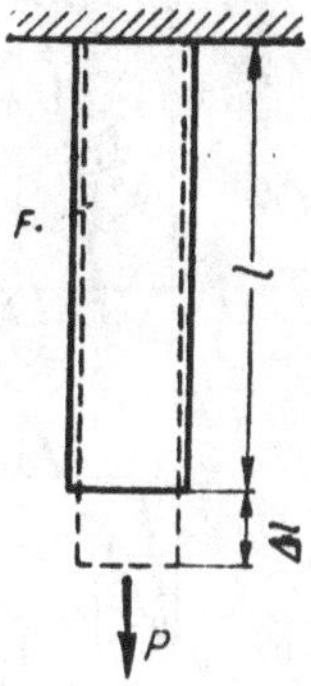

Abb. 1.

$$\Delta l = \frac{P \cdot l}{E \cdot F} \left[\frac{\text{kg} \cdot \text{cm}}{\text{kg/cm}^2\,\text{cm}^2} = \text{cm}\right]$$

Bezieht man die Verlängerung Δl auf die ursprüngliche Stablänge l, dann erhält man die Dehnung

$$\varepsilon = \frac{\Delta l}{l} \left[\frac{\text{cm}}{\text{cm}} \text{ in } \%\right]$$

Setzt man für Δl den oberen Wert ein, dann wird

$$\varepsilon = \frac{P \cdot l}{E \cdot F} \cdot \frac{1}{l} = \frac{P}{F} \cdot \frac{1}{E} = \frac{\sigma}{E}$$

wobei σ die auftretende Zugspannung

$$\sigma = \frac{P}{F}$$

ist. Aus dieser Gleichung findet man den Elastizitätsmodul

$$E = \frac{\sigma}{\varepsilon}$$

Die beiden Größen σ und ε lassen sich für jedes Material versuchsmäßig leicht bestimmen, und mit Hilfe der obigen Gleichung kann der Elastizitäts-

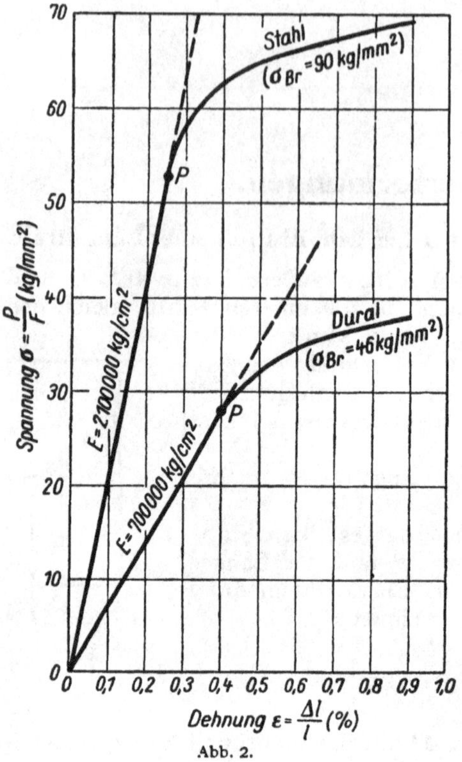

Abb. 2.

modul errechnet werden. Hierzu betrachtet man am besten das Spannungs-Dehnungs-(σ — ε) Diagramm (Abb. 2).

Dieses Diagramm soll gleichzeitig dazu benutzt werden, um zwei Werkstoffe (Stahl + Dural) einander gegenüberzustellen.

Bis zur Proportionalitätsgrenze (Punkt P) verhalten sich die beiden Werkstoffe ähnlich, d. h. bei gleicher Spannung ist die Dehnung von Dural immer dreimal so groß wie die von Stahl (entsprechend dem umgekehrten Verhältnis der E-Module). Oberhalb der Proportionalitätsgrenze gilt das nicht mehr.

Es gelten auch die im folgenden angestellten Betrachtungen und Berechnungen der Verformungen und der statisch Unbestimmten nur bis zur Proportionalitätsgrenze. Also nur im Bereich, in dem E konstant ist.

2. Die Durchbiegung eines Stabfachwerkes.

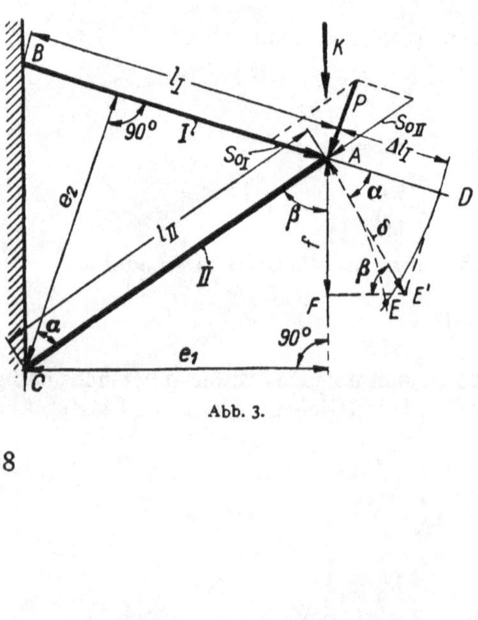

Abb. 3.

Für die Erklärung und Ableitung der erforderlichen Gleichung wird das einfachste Fachwerk in Form von 2 Stäben angenommen. Weiter wird vorausgesetzt, daß nur der Stab I elastisch und II vollkommen starr ist. Es soll jetzt bestimmt werden, wie groß die senkrechte Verschiebung des Punktes A unter der Last P ist (Abb. 3).

Die Last P wird in die Stäbe I und II zerlegt. Damit ergeben sich die Stabkräfte, die im folgenden mit S_0 bezeichnet werden. Unter dieser Last verlängert sich der Stab I um

$$\Delta l_I = \frac{S_{0I} \cdot l_I}{E \cdot F_I}$$

Schlägt man mit der Länge $B - D$ um B und mit der Länge $C - A$ um C einen Kreisbogen, dann erhält man im Schnittpunkt E die wirkliche Verschiebung des Punktes A. Wenn man bedenkt, daß die Verlängerung des Stabes I Δl_I im Vergleich zur Stablänge l_I nur sehr klein ist, macht man keinen Fehler, wenn man die Kreisbögen durch gerade Linien, die senkrecht auf den Stabachsen stehen, ersetzt. Dadurch fällt der Punkt E nach E' und die senkrechte Verschiebung des Punktes A ist $f = A - F$. Bezeichnet man $A - E' = \delta$, dann ist

$$\delta = \frac{\Delta l_I}{\cos\alpha} \text{ und } f = \delta \cdot \sin\beta$$

Durch Einsetzen der Werte für Δl_I ergibt sich

$$f = \frac{\sin\beta \cdot S_{0I} \cdot l_I}{\cos\alpha \cdot E \cdot F_I}$$

Die Winkelfunktionen $\sin\beta$ und $\cos\alpha$ werden wie folgt ersetzt:

Man nimmt eine Kraft K in Richtung der Durchbiegung f an und zerlegt sie in die Stäbe I und II. Bezeichnet man diese Komponenten mit S_1, dann ist für den Stab I

$$S_{1I} = K \cdot \frac{e_1}{e_2}$$

Die Winkelfunktionen werden durch e_1 und e_2 ausgedrückt.

Es ist

$$\frac{e_1}{l_{II}} = \sin\beta$$

und

$$\frac{e_2}{l_{II}} = \cos\alpha$$

Damit wird

$$\frac{\sin\beta}{\cos\alpha} = \frac{e_1}{l_{II}} \cdot \frac{l_{II}}{e_2} = \frac{e_1}{e_2}$$

Für $\frac{e_1}{e_2}$ kann auch $\frac{S_{1I}}{K}$ gesetzt werden. Führt man diese Werte für die Winkelfunktionen in obige Gleichung ein, dann ist

$$f = \frac{S_{1I}}{K} \cdot \frac{S_{0I} \cdot l_I}{E \cdot F_I}$$

oder

$$K \cdot f = \frac{S_{0I} \cdot S_{1I} \cdot l_I}{E \cdot F_I}$$

Besteht das Fachwerk nicht, wie oben angenommen, aus einem elastischen Stab, sondern aus mehreren elastischen Zug- und Druckstäben, dann ist die Gleichung für jeden Stab aufzustellen, d. h. es ist

$$K \cdot f = \sum \frac{S_0 \cdot S_1 \cdot l}{E \cdot F}$$

Setzt man für $K = 1$ kg, dann ist die Summe gleich der Durchbiegung.

Zusammenfassung.

Soll die Verschiebung eines bestimmten Punktes eines Fachwerkträgers ermittelt werden, so errechnet man zunächst die Stabkräfte aus der Belastung (die S_0-Kräfte), weiter setzt man in den Knoten, dessen Verschiebung man ermitteln will, eine Kraft von der Größe $K = 1$ kg und bestimmt die S_1-Kräfte. Die aus der Gleichung errechnete Verschiebung ist dann die Verschiebung in Richtung der angebrachten Kraft K. Die Druck- und Zugstäbe sind dabei entsprechend dem Vorzeichen einzusetzen.

a) Zahlenbeispiel für senkrechte Verschiebung.

Weitere Einzelheiten zu der abgeleiteten Gleichung lassen sich am besten an Hand eines Beispieles erklären. Es wird dafür ein Träger

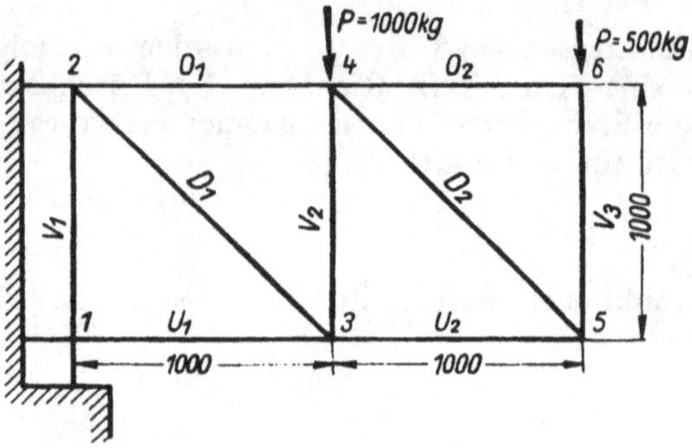

Abb. 4.

nach Abb. 4 gewählt. Als äußere Last werden 2 Kräfte von 1000 und 500 kg eingesetzt. Gefragt ist nach der senkrechten Verschiebung des Punktes *5*.

Um den Einfluß verschiedener Werkstoffe gleich mit zu erfassen, wird angenommen, daß die einzelnen Stäbe nicht aus demselben Material hergestellt sind. Es soll ausgeführt werden:

der Obergurt	aus	Dural	. . . . . .	($E = 700000$ kg/cm²)
,, Untergurt	,,	Holz	. . . . . .	($E = 100000$,,)
die Vertikalstäbe	,,	Stahlrohr	. . . . . .	($E = 2100000$,,)
,, Diagonalstäbe	,,	Stahlkabel	. . . . . .	($E = 2100000$,,)

Die angenommenen Stabquerschnitte sind in Abb. 5 eingetragen.

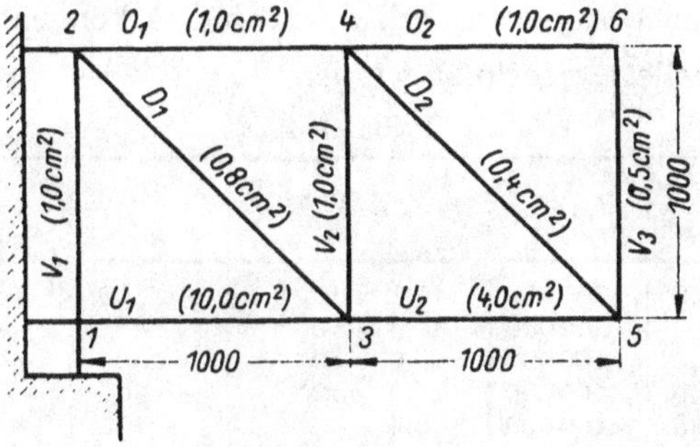

Abb. 5.

Zunächst werden die Stabkräfte aus der äußeren Belastung (die S_0-Kräfte) mit Hilfe eines Kräfteplanes (Abb. 6) ermittelt.

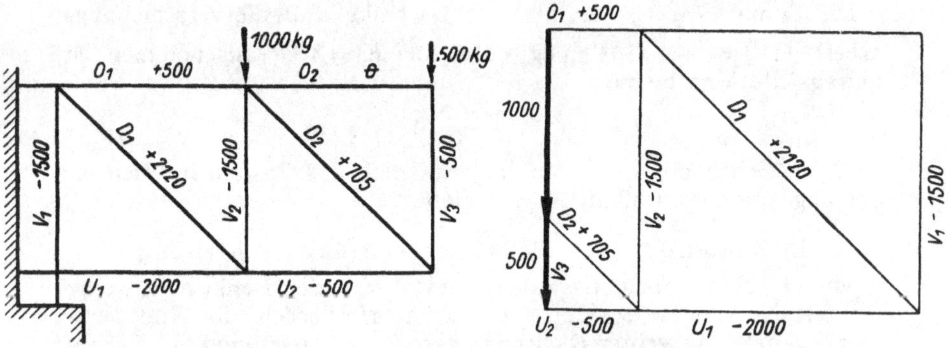

Abb. 6.

Zur Bestimmung der Verschiebung des Punktes *5* wird jetzt eine Kraft $K = 1$ kg im Punkt *5* senkrecht nach unten angesetzt und daraus werden die S_1-Kräfte (Abb. 7) ermittelt.

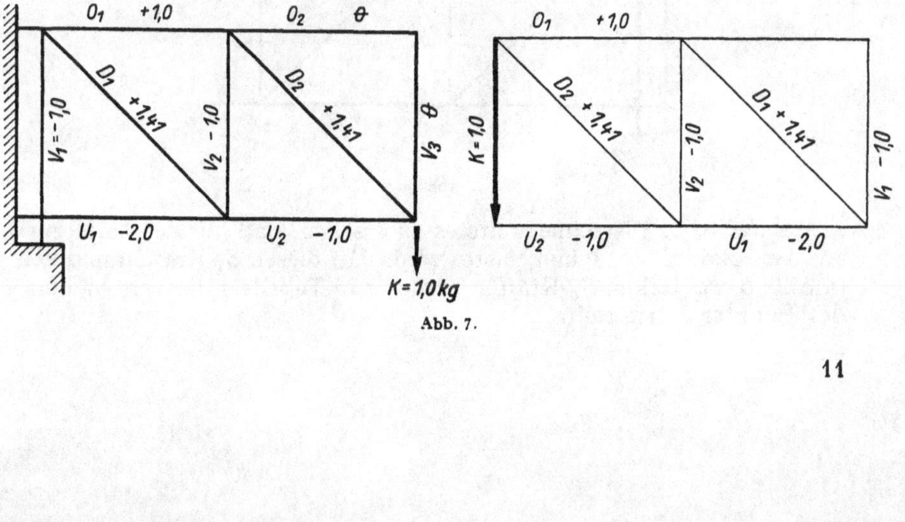

Abb. 7.

Damit sind alle Unterlagen vorhanden, und es können die Ausdrücke $\frac{S_0 \cdot S_1 \cdot l}{E \cdot F}$ in Tabelle 1 errechnet werden.

Tabelle 1.

Stab	l cm	F cm²	E kg/cm²	$\frac{l}{E \cdot F}$ cm/kg	S_0 kg	S_1 kg	$S_0 \cdot S_1 \cdot \frac{l}{E \cdot F}$ cmkg
O_1	100	1,0	700000	$14,3 \cdot 10^{-5}$	+ 500	+1,0	+0,0715
O_2	100	1,0	700000	$14,3 \cdot 10^{-5}$	—	—	—
U_1	100	10,0	100000	$10,0 \cdot 10^{-5}$	−2000	−2,0	+0,4000
U_2	100	4,0	100000	$25,0 \cdot 10^{-5}$	− 500	−1,0	+0,1250
D_1	141	0,8	2100000	$8,4 \cdot 10^{-5}$	+2120	+1,41	+0,2500
D_2	141	0,4	2100000	$16,8 \cdot 10^{-5}$	+ 705	+1,41	+0,1670
V_1	100	1,0	2100000	$4,76 \cdot 10^{-5}$	−1500	−1,0	+0,0700
V_2	100	1,0	2100000	$4,76 \cdot 10^{-5}$	−1500	−1,0	+0,0700
V_3	100	0,5	2100000	$9,55 \cdot 10^{-5}$	− 500	—	—
							$\sum = +1,1535$

Die Summe $\frac{S_0 \cdot S_1 \cdot l}{E \cdot F}$ ergibt $+ 1,1535$ cmkg, d. h. die Verschiebungsarbeit $K \cdot f = + 1,1535$ cmkg. Da für $K = 1$ kg angenommen ist, beträgt die Verschiebung

$$f = \frac{1,1535 \text{ cmkg}}{1,0 \text{ kg}} = + 1,15 \text{ cm}$$

Das + Zeichen deutet darauf hin, daß sich das System in Richtung der angenommenen Kraft K verschiebt.

b) Zahlenbeispiel für waagerechte Verschiebung.

Weiter soll untersucht werden, wieviel sich der Punkt *5* in waagerechter Richtung verschiebt. Hierzu ist erforderlich, die Kraft K im Punkt *5* in waagerechter Richtung angreifen zu lassen und die S_1-Kraft im System daraus zu ermitteln.

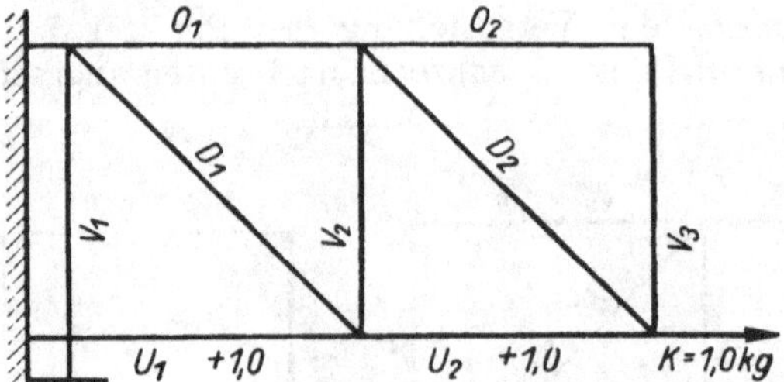

Abb. 8.

Aus der Abb. 8 ist ohne weiteres zu ersehen, daß nur der Untergurt aus der Kraft $K = 1,0$ kg belastet wird. Mit diesen S_1-Kräften und den in Abb. 6 ermittelten S_0-Kräften wird wie in Tabelle 1 die Verschiebung des Punktes *5* ermittelt.

Die Verschiebungsarbeit aus Tabelle 2 beträgt $K \cdot f = -0{,}325$ cmkg. Für $K = 1$ kg wird dann $f = -0{,}33$ cm. Das — Zeichen deutet darauf hin, daß der Punkt *5* sich entgegen der angenommenen Kraftrichtung K also nach links verschiebt.

Tabelle 2.

Stab	l cm	F cm²	E kg/cm²	$\frac{l}{E \cdot F}$ cm/kg	S_0 kg	S_1 kg	$S_0 \cdot S_1 \cdot \frac{l}{E \cdot F}$ cmkg
O_1	100	1,0	700000	$14{,}3 \cdot 10^{-5}$	+ 500	—	—
O_2	100	1,0	700000	$14{,}3 \cdot 10^{-5}$	—	—	—
U_1	100	10,0	100000	$10{,}0 \cdot 10^{-5}$	−2000	+1,0	−0,200
U_2	100	4,0	100000	$25{,}0 \cdot 10^{-5}$	− 500	+1,0	−0,125
D_1	141	0,8	2100000	$8{,}4 \cdot 10^{-5}$	+2120	—	—
D_2	141	0,4	2100000	$16{,}8 \cdot 10^{-5}$	+ 705	—	—
V_1	100	1,0	2100000	$4{,}76 \cdot 10^{-5}$	−1500	—	—
V_2	100	1,0	2100000	$4{,}76 \cdot 10^{-5}$	−1500	—	—
V_3	100	0,5	2100000	$9{,}55 \cdot 10^{-5}$	− 500	—	—
							$\sum = -0{,}325$

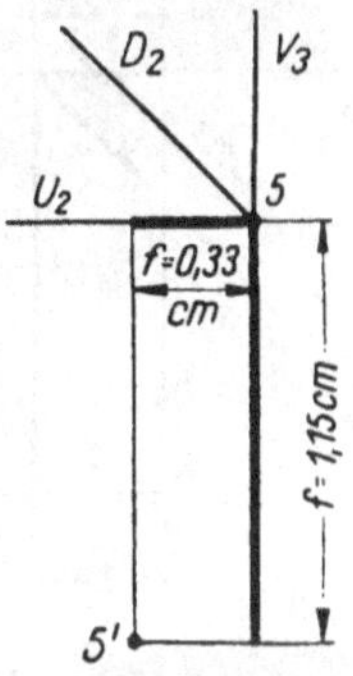

Abb. 9.

Trägt man diese Verschiebungen des Punktes *5* auf (Abb. 9) und zieht durch die Endpunkte die Senkrechten zu den Verschiebungen, dann ist der Schnittpunkt dieser Senkrechten *5'* die wirkliche Verschiebung des Punktes *5*.

Es ist nicht erforderlich, für die Bestimmung des Punktes *5'* die beiden senkrecht zueinander stehenden Verschiebungen zu errechnen. Es besteht nur die eine Bedingung, daß die Linien durch die Endpunkte der Verschiebung senkrecht zur Verschiebungsrichtung stehen müssen.

c) Zahlenbeispiel für eine Verschiebung unter 45°.

Als Kontrolle soll die Verschiebung des Punktes *5* noch einmal unter 45° bestimmt werden. Die S_1-Kräfte sind also aus einer Kraft $K = 1$ kg, im Punkt *5* unter 45° angreifend, zu ermitteln (Abb. 10). Die Richtung

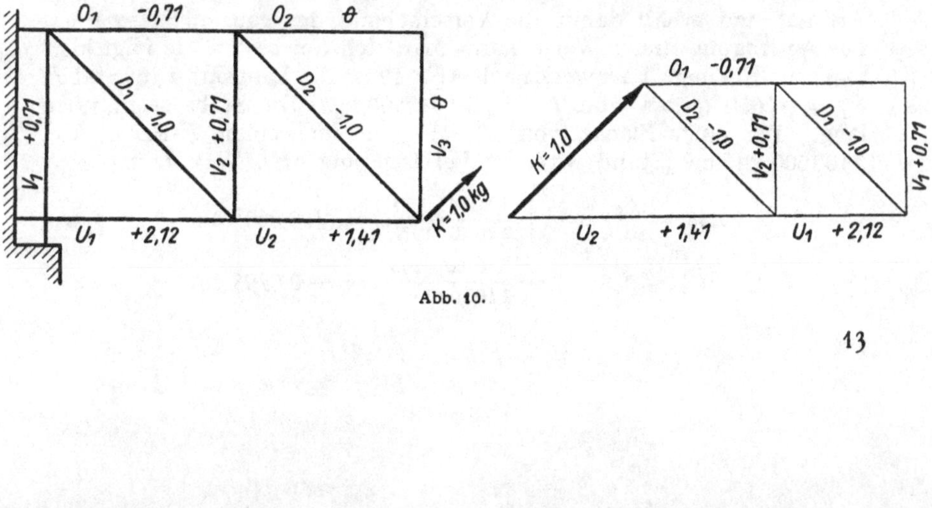

Abb. 10.

Tabelle 3.

Stab	l cm	F cm²	E kg/cm²	$\frac{l}{E \cdot F}$ cm/kg	S_0 kg	S_1 kg	$S_0 \cdot S_1 \cdot \frac{l}{E \cdot F}$ cmkg
O_1	100	1,0	700000	$14{,}3 \cdot 10^{-5}$	+ 500	−0,71	−0,0507
O_2	100	1,0	700000	$14{,}3 \cdot 10^{-5}$	—	—	—
U_1	100	10,0	100000	$10{,}0 \cdot 10^{-5}$	−2000	+2,12	−0,4240
U_2	100	4,0	100000	$25{,}0 \cdot 10^{-5}$	− 500	+1,41	−0,1760
D_1	141	0,8	2100000	$8{,}4 \cdot 10^{-5}$	+2120	−1,0	−0,1800
D_2	141	0,4	2100000	$16{,}8 \cdot 10^{-5}$	+ 705	−1,0	−0,1180
V_1	100	1,0	2100000	$4{,}76 \cdot 10^{-5}$	−1500	+0,71	−0,0507
V_2	100	1,0	2100000	$4{,}76 \cdot 10^{-5}$	−1500	+0,71	−0,0507
V_3	100	0,5	2100000	$9{,}55 \cdot 10^{-5}$	− 500	—	—
							$\sum = -1{,}0501$

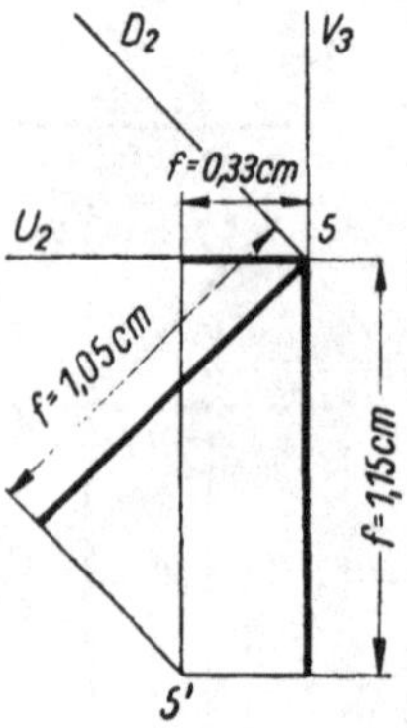

Abb. 11.

dieser Kraft kann beliebig angenommen werden. Das Vorzeichen wird später, wenn nötig, die Richtung korrigieren. Hier soll die Kraft nach rechts oben zugrunde gelegt werden.

Die Ermittlung der Verschiebungsarbeit erfolgt wieder in Form einer Tabelle.

Wie erwartet ist die Verschiebungsarbeit negativ, d. h. die Verschiebung des Punktes *5* erfolgt nach links unten zu $f = -1{,}05$ cm (Tabelle 3).

Ergänzt man Abb. 9 und trägt die unter 45° ermittelte Verschiebung mit ein, so erhält man das selbe Resultat (Abb. 11), d. h. die Senkrechte durch den Endpunkt der Verschiebungsrichtung geht auch durch den Schnittpunkt *5'*.

3. Der Verschiebungsplan nach Williot (mit Beispiel).

Die Verschiebung, wie sie bisher rechnerisch ermittelt wurde, läßt sich auch mit Hilfe des Williotschen Verschiebungsplanes graphisch bestimmen. Man ermittelt die Verlängerungen bzw. Verkürzungen der einzelnen Stäbe nach der Gleichung $\Delta l = \frac{S_0 \cdot l}{E \cdot F}$, trägt sie in bestimmter Art auf und erhält damit die Verschiebung des ganzen Fachwerkes. Die Auftragung dieser Werte kann man sich am besten wie folgt klarmachen: In einem Fachwerk nach Abb. 12 ist die Längskraft im Stab *I*: $S_0 = +2000$ kg, im Stab *II*: $S_0 = -2500$ kg. Die Stäbe seien 1,0 m lang. Bei einer Fläche von $F = 1{,}5$ cm² und einem *E*-Modul von 2100000 kg/cm² (Stahl) wird die Verlängerung bzw. Verkürzung

$$\Delta l_I = \frac{S_0 \cdot l}{E \cdot F} = + \frac{2000 \cdot 100}{2100000 \cdot 1{,}5} = +0{,}0635 \text{ cm}$$

$$\Delta l_{II} = - \frac{2500 \cdot 100}{2100000 \cdot 1{,}5} = -0{,}0795 \text{ cm}$$

Wollte man jetzt den Stab von 1,0 m Länge auftragen und dann die Verlängerung von 0,06 cm hinzufügen, dann würde man feststellen, daß das Auftragen von l und Δl in demselben Maßstab unmöglich ist. Wählt man den Maßstab so, daß l eine normale Größe hat, dann kann man Δl nicht auftragen. Legt man den Maßstab nach Δl fest, dann wird l so groß, daß es ebenfalls unmöglich wird. Es bleibt hier nur der eine Weg, die beiden Größen voneinander zu trennen. Darum werden nur die Verlängerungen bzw. Verkürzungen Δl betrachtet. Als Maßstab für Δl soll der 50fache Wert aufgetragen werden.

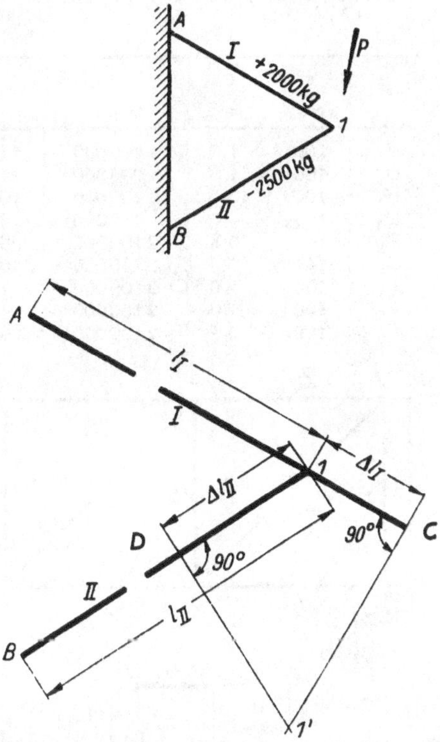

Abb. 12.

Damit wird

$$\Delta l_I = 50 \cdot 0{,}0635 = 3{,}16 \text{ cm}$$
$$\Delta l_{II} = 50 \cdot 0{,}0795 = 3{,}98 \text{ cm}$$

Die Punkte A und B liegen nach dem obigen Maßstab 50 m von *1* entfernt, können also nicht aufgetragen werden. Maßstäblich wird daher nur Δl_I vom Punkt *1* in Richtung des Stabes *I* als Verlängerung und Δl_{II} vom Punkt *1* in Richtung des Stabes *II* als Verkürzung abgetragen. Damit ergeben sich die Punkte C und D. Die Strecke $A - C$ beträgt jetzt 50 m + 3,16 cm. Die Strecke $B - D$ ist 50 m — 3,98 cm. Jetzt muß mit $A - C$ um A und $B - D$ um B ein Kreisbogen geschlagen werden. Der Schnittpunkt der Kreisbögen *1'* ergibt dann die Verschiebung des Punktes *1*. Es ist leicht einzusehen, daß die Kreisbögen hier durch Gerade ersetzt werden können; daher werden in den Punkten C und D die Senkrechten zu den Stäben *I* und *II* gezogen, und man erhält somit den Punkt *1'*, die wirkliche Verschiebung des Punktes *1*.

Wendet man diese Auftragungsart beim Fachwerkträger an und erweitert sie über alle Knoten, dann erhält man den Verschiebungsplan nach Williot.

Dieses Verfahren soll jetzt für das Beispiel nach Abb. 4 und 5 angewandt werden. Damit erhält man dann gleich eine Kontrolle, ob die Verschiebung des Punktes *5* mit der errechneten Verschiebung nach Abb. 9 und 11 übereinstimmt.

Hierzu ist zunächst erforderlich, daß die Verlängerungen bzw. Verkürzungen der einzelnen Stäbe nach der Gleichung $\Delta l = \frac{S_0 \cdot l}{E \cdot F}$ bestimmt werden. Dies geschieht in Tabelle 4.

Tabelle 4.

Stab	l cm	F cm²	E kg/cm²	$\frac{l}{E \cdot F}$ cm/kg	S_0 kg	$\Delta l = \frac{S_0 \cdot l}{E \cdot F}$ cm
O_1	100	1,0	700000	$14,3 \cdot 10^{-5}$	+500	+0,0715
O_2	100	1,0	700000	$14,3 \cdot 10^{-5}$	—	—
U_1	100	10,0	100000	$10,0 \cdot 10^{-5}$	−2000	−0,2000
U_2	100	4,0	100000	$25,0 \cdot 10^{-5}$	− 500	−0,1250
D_1	141	0,8	2100000	$8,4 \cdot 10^{-5}$	+2120	+0,1781
D_2	141	0,4	2100000	$16,8 \cdot 10^{-5}$	+ 705	+0,1184
V_1	100	1,0	2100000	$4,76 \cdot 10^{-5}$	−1500	−0,0714
V_2	100	1,0	2100000	$4,76 \cdot 10^{-5}$	−1500	−0,0714
V_3	100	0,5	2100000	$9,55 \cdot 10^{-5}$	− 500	−0,0477

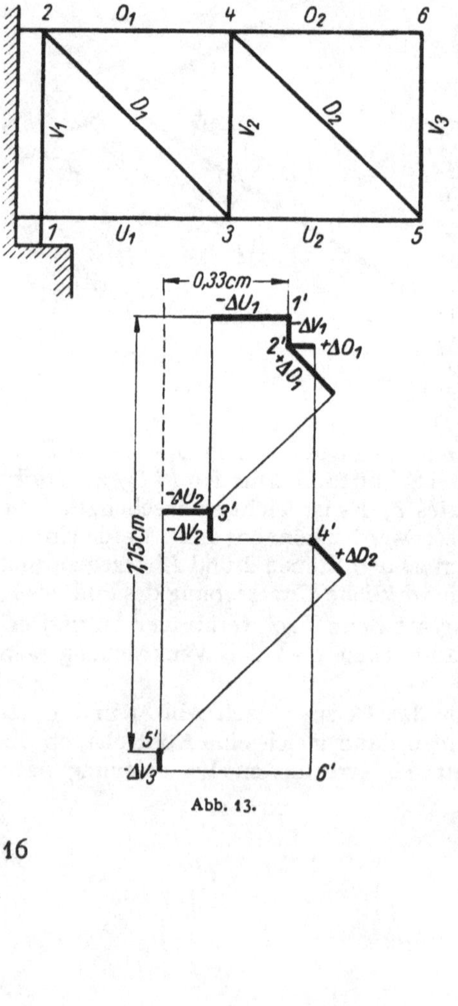

Abb. 13.

Die Vorzeichen der Δl-Werte deuten auf die Verlängerung (+) bzw. Verkürzung (—) der einzelnen Stäbe hin.

Aufgebaut wird der Verschiebungsplan auf einen absolut festen Punkt. In dem vorliegenden Beispiel ist das der Auflagerpunkt *1*. Der Auflagerpunkt *2* ist nur in horizontaler Richtung absolut fest. Vertikal ist er durch den Stab V_1 elastisch gegen den festen Knoten *1* abgestützt und wird sich, da in V_1 eine Druckkraft herrscht, um den Betrag ΔV_1 dem Knoten *1* nähern. Diese Differenz ΔV_1 wird maßstäblich aufgetragen (Abb. 13), und damit erhält man die Punkte *1'* und *2'*. Der Knoten *3* ist durch die Stäbe U_1 und D_1 gegen die Knoten *1* bzw. *2* abgestützt. Um die Verschiebung des Knotens *3* zu bestimmen, wird die Verkürzung des Stabes U_1 (ΔU_1) vom Punkt *1'* aus abgetragen (die Richtung nach links gibt das — Zeichen). Die Verlängerung des Stabes D_1

(ΔD_1) wird, da D_1 im Knoten *2* angreift, vom Punkt *2'* entsprechend dem + Zeichen abgetragen. Die Senkrechten durch die beiden gefundenen Endpunkte schneiden sich im Punkt *3'* (Verschiebung des Knotens *3*). Die Verschiebung des Knotens *4* erhält man durch Antragen der Verlängerung ΔO_1 an Punkt *2'* und der Verkürzung ΔV_2 an Punkt *3'*. Entsprechend findet man auch die Verschiebungen der Knoten *5* und *6*.

Die wirkliche Verschiebung der einzelnen Knoten *1* bis *6* sind jetzt die Entfernungen der Punkte *1'* bis *6'* vom Ausgangspunkt *1'* gemessen. Die Verschiebung des Knotens *5* muß mit den vorher rechnerisch ermittelten Werten übereinstimmen. Vgl. dazu die Entfernung des Punktes *5'* von *1'* mit Abb. 9.

4. Gleichungen für die Verformungen bei Biege-, Schub- und Drehbeanspruchungen.

In ähnlicher Art, wie man die Dehnungen von Stäben ermitteln kann, läßt sich auch die Verformung der Bauglieder unter dem Einfluß von Biege- und Schub- bzw. Drehbeanspruchungen errechnen. Die hierfür erforderlichen Gleichungen sollen nicht besonders abgeleitet werden. Aus der Ähnlichkeit der Gleichungen ist schon der Zusammenhang zu erkennen.

Es gelten für die Verformungen

infolge Längskraft: $$K \cdot f = \sum \frac{S_0 \cdot S_1 \cdot l}{E \cdot F}$$

„ Biegung: $$K \cdot f = \sum \frac{M_0 \cdot M_1 \cdot l}{E \cdot J}$$

„ Querkraft: $$K \cdot f = \sum \frac{Q_0 \cdot Q_1 \cdot l}{G \cdot F}$$

„ Torsion: $$K \cdot f = \sum \frac{M_{d0} \cdot M_{d1} \cdot l}{G \cdot J_d}$$

Im Flugzeugbau kommt es häufig vor, daß Stegblechträger mit sehr dünnen Stegblechen gebaut werden. Diese Stegbleche sind dann nicht mehr schubsteif und werfen bei der Belastung Falten. Man kann daher in diesen Fällen in die Verformungsgleichungen nicht den Schubmodul G einsetzen, sondern muß der Beanspruchungsart entsprechend den E-Modul berücksichtigen. Durch die auftretenden Falten wird aber der Steg nachgiebiger, so daß nicht der volle E-Modul eingesetzt werden darf. In der Praxis hat sich hierfür der Modul $^1/_4\, E$ als ein guter Mittelwert herausgebildet. Dasselbe gilt auch entsprechend für Torsionsröhren.

Bei den Biegemomenten kommt es in den seltensten Fällen vor, daß sie wie die Längskräfte konstant über den Träger bzw. Stab verlaufen. In den meisten Fällen hat man es mit irgendeiner kurvenförmigen Veränderung zu tun. Man kann daher nicht so ohne weiteres die Gleichung $K \cdot f = \sum \frac{M_0 \cdot M_1 \cdot l}{E \cdot J}$ anwenden, sondern muß die Verteilung über die Länge des Stabes berücksichtigen. Für die einfachsten Ver-

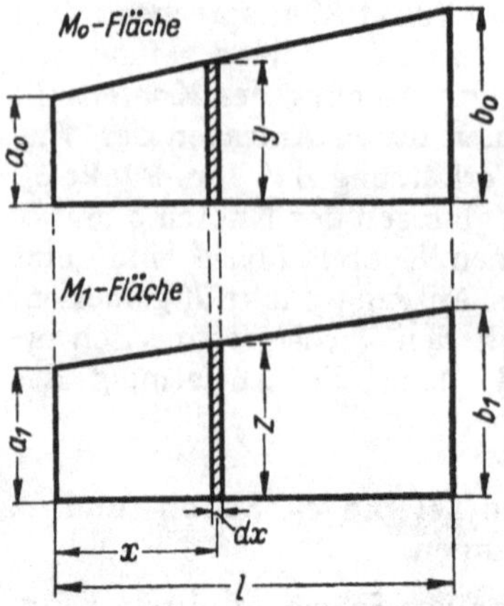

Abb. 14.

teilungsflächen (Rechteck, Dreieck und Trapez), wie sie in der Praxis am häufigsten vorkommen, sind im Folgenden Gleichungen abgeleitet und in Tabelle 5 zusammengestellt. Hat man es mit einer kurvenförmigen Verteilung zu tun, dann ersetzt man die Kurven am zweckmäßigsten durch Rechtecke, Dreiecke bzw. Trapeze, so daß eine inhaltsgleiche Fläche entsteht. (Ergänzend sei hier erwähnt, daß für die Querkräfte und Drehmomente entsprechend dasselbe gilt.)

Für die Ableitung werden am besten 2 Trapezflächen zugrunde gelegt (Abb. 14). Der Ausdruck

$$K \cdot f = \frac{M_0 \cdot M_1 \cdot l}{E \cdot J}$$

wird umgeformt zu $K \cdot f \cdot E \cdot J = M_0 \cdot M_1 \cdot l$

Für $M_0 \cdot M_1 \cdot l$ setzt man $\int_0^l y \cdot z \cdot dx$

In dem Integralausdruck ist

$$y = a_0 + \frac{b_0 - a_0}{l} \cdot x$$

und

$$z = a_1 + \frac{b_1 - a_1}{l} \cdot x$$

Setzt man für y und z die Werte ein, dann ist

$$M_0 \cdot M_1 \cdot l = \int_0^l \left(a_0 + \frac{b_0 - a_0}{l} \cdot x\right) \cdot \left(a_1 + \frac{b_1 - a_1}{l} \cdot x\right) \cdot dx$$

Durch Ausmultiplizieren erhält man

$$M_0 \cdot M_1 \cdot l = \int_0^l a_0 \cdot a_1 \cdot dx + \int_0^l a_0 \cdot \frac{b_1 - a_1}{l} \cdot x \cdot dx + \int_0^l a_1 \cdot \frac{b_0 - a_0}{l} \cdot x \cdot dx$$

$$+ \int_0^l \frac{b_0 - a_0}{l} \cdot \frac{b_1 - a_1}{l} \cdot x^2 \cdot dx$$

Die Integration ergibt

$$M_0 \cdot M_1 \cdot l = \left| a_0 \cdot a_1 \cdot x + a_0 \cdot \frac{b_1 - a_1}{l} \cdot \frac{x^2}{2} + a_1 \cdot \frac{b_0 - a_0}{l} \cdot \frac{x^2}{2} \right.$$

$$\left. + \frac{b_0 - a_0}{l} \cdot \frac{b_1 - a_1}{l} \cdot \frac{x^3}{3} \right|_0^l$$

Setzt man die Grenzen ein, dann ist

$$M_0 \cdot M_1 \cdot l = a_0 \cdot a_1 \cdot l + \frac{a_0}{2}(b_1 - a_1) l + \frac{a_1}{2}(b_0 - a_0) \cdot l$$
$$+ \tfrac{1}{3}(b_0 b_1 - b_0 a_1 - a_0 b_1 + a_0 a_1) l$$

Durch weiteres Zusammenfassen erhält man

$$M_0 \cdot M_1 \cdot l = l(a_0 \cdot a_1 + \frac{a_0}{2} b_1 - \frac{a_0}{2} a_1 + \frac{a_1}{2} b_0 - \frac{a_1}{2} \cdot a_0$$
$$+ \tfrac{1}{3} b_0 b_1 - \tfrac{1}{3} b_0 a_1 - \tfrac{1}{3} a_0 b_1 + \tfrac{1}{3} a_0 a_1)$$

Wird jetzt $\frac{1}{6}$ ausgeklammert, dann ist

$$M_0 \cdot M_1 \cdot l = \frac{l}{6}(6 a_0 \cdot a_1 + 3 a_0 \cdot b_1 - 3 a_0 a_1 + 3 a_1 b_0 - 3 a_1 a_0$$
$$+ 2 b_0 b_1 - 2 b_0 a_1 - 2 a_0 b_1 + 2 a_0 a_1)$$

Durch Addition im Klammerausdruck wird

$$M_0 \cdot M_1 \cdot l = \frac{l}{6}(+ 2 a_0 a_1 + a_1 b_0 + a_0 b_1 + 2 b_0 b_1)$$

Durch weiteres Ausklammern erhält man dann die Endgleichung

$$M_0 \cdot M_1 \cdot l = \frac{l}{6}[a_0(2 a_1 + b_1) + b_0(2 b_1 + a_1)]$$

Diese Gleichung stellt den Kubikinhalt des Körpers dar, der durch die beiden senkrecht zueinander stehenden Momentenflächen M_0 und M_1 von der Länge l gebildet wird (vgl. Abb. 15).

Setzt man z. B. $a_0 = b_0$ und $a_1 = b_1$, dann sind die beiden Momentenflächen zwei Rechtecke, und man erhält

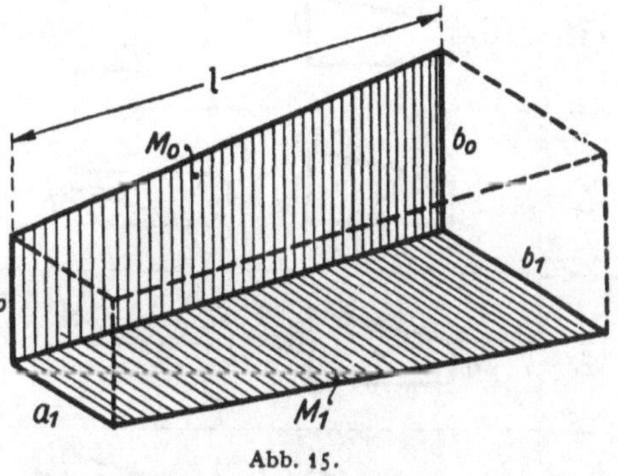

Abb. 15.

$$M_0 \cdot M_1 \cdot l = \frac{l}{6}[a_0 \cdot (2 a_1 + a_1) + a_0(2 a_1 + a_1)]$$
$$= l \cdot a_0 \cdot a_1 = \text{Inhalt des Quaders.}$$

Setzt man b_0 und $b_1 = 0$, dann ergeben sich 2 Dreiecke und $M_0 \cdot M_1 \cdot l$ wird $\frac{l}{6} \cdot (a_0 \cdot 2 a_1 + 0) + 0 = \frac{l}{3} \cdot a_0 \cdot a_1 =$ Inhalt der Pyramide.

In Tabelle 5 sind alle Variationen ermittelt und zusammengestellt, dabei ist für

$$\frac{l}{E \cdot J} = \varrho$$

gesetzt worden.

Tabelle 5.

Reihe	Form der Momentenflächen M_0 M_1	$M_0 \cdot M_1 \cdot \varrho$
①	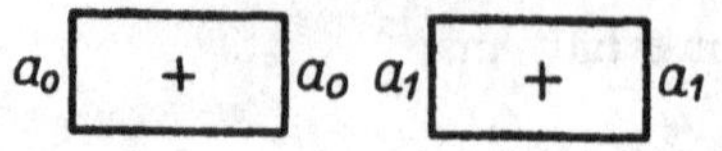	$\varrho \cdot a_0 \cdot a_1$
②	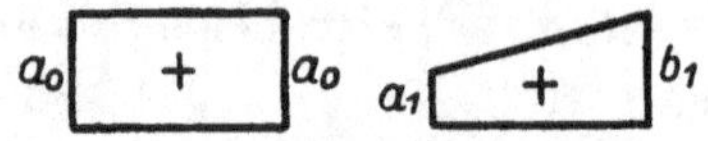	$\frac{\varrho}{2} \cdot a_0 (a_1 + b_1)$
③	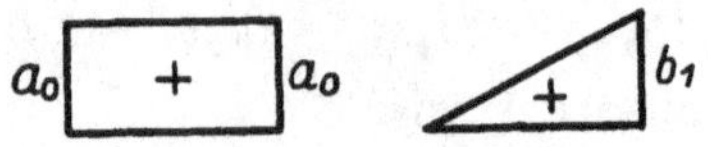	$\frac{\varrho}{2} \cdot a_0 \cdot b_1$
④	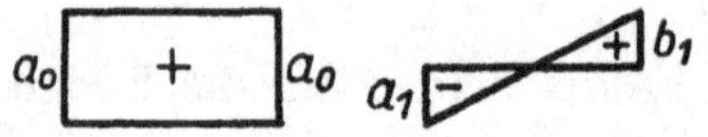	Wie ② a_1 mit „—" einsetzen
⑤	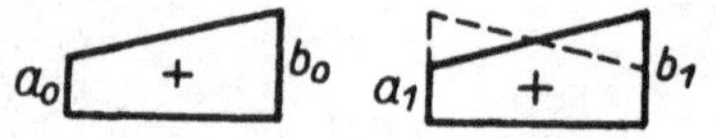	$\frac{\varrho}{6} [a_0 (2 a_1 + b_1) + b_0 (2 b_1 + a_1)]$
⑥	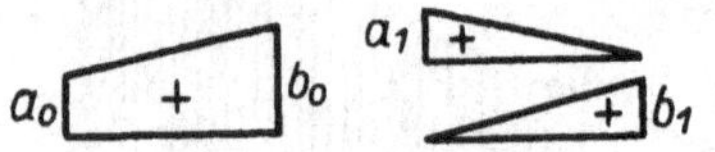	$\frac{\varrho}{6} \cdot a_1 (2 a_0 + b_0)$ $\frac{\varrho}{6} \cdot b_1 (a_0 + 2 b_0)$
⑦	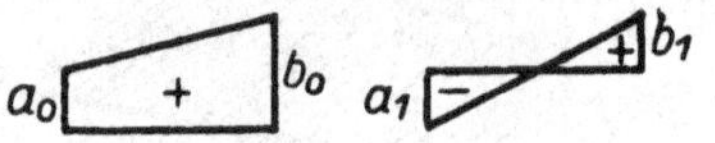	Wie ⑤ a_1 mit „—" einsetzen
⑧	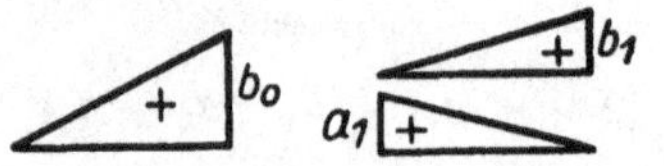	$\frac{\varrho}{3} \cdot b_0 \cdot b_1$ $\frac{\varrho}{6} \cdot b_0 \cdot b_1$
⑨	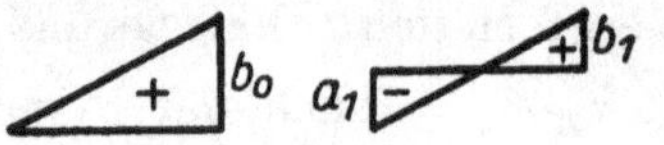	$\frac{\varrho}{6} \cdot b_0 (2 \cdot b_1 + a_1)$; a_1 mit „—" einsetzen
⑩	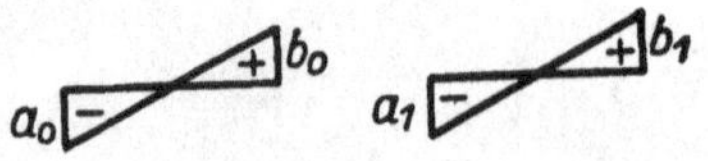	Wie ⑤ (Vorzeichen einsetzen!)

5. Zahlenbeispiel für die Durchbiegung eines Biegeträgers unter einer Querbelastung.

Unter Anwendung der in Tabelle 5 zusammengestellten Gleichungen soll die Durchbiegung des Biegeträgers nach Abb. 16 ermittelt werden.

Gegeben sind die Abmessungen des Trägers und die Belastung.

Aus der äußeren Belastung werden zunächst die Biegemomente M_0 und Querkräfte Q_0 ermittelt. Gefragt ist nach der Durchbiegung des Punktes A. Folglich wird im Punkt A eine Kraft $K = 1{,}0$ kg, nach unten wirkend, angenommen. Daraus erhält man die M_1- und Q_1-Werte (vgl. Abb. 16). Die Durchbiegung wird jetzt nach der Gleichung

$$K \cdot f = \sum M_0 \cdot M_1 \cdot \varrho + \sum Q_0 \cdot Q_1 \cdot \varrho$$

ermittelt (siehe hierfür Tabelle 6).

Aus dieser Tabelle ersieht man, daß die Querkraft nur einen recht kleinen Anteil an der Durchbiegung hat. Das kommt daher, daß das Rohr in diesem Fall gegenüber der Querkraft recht stark übermessen ist. Man kommt daher zu folgender Überlegung:

Bei Biegeträgern, die durch Querkräfte nur gering belastet sind, kann die Durchbiegung infolge Querkraft vernachlässigt werden. Bei ausgesprochenen Querkraftträgern, wie sie im Flugzeugbau häufig vorkommen, ist dieser Einfluß unbedingt zu berücksichtigen.

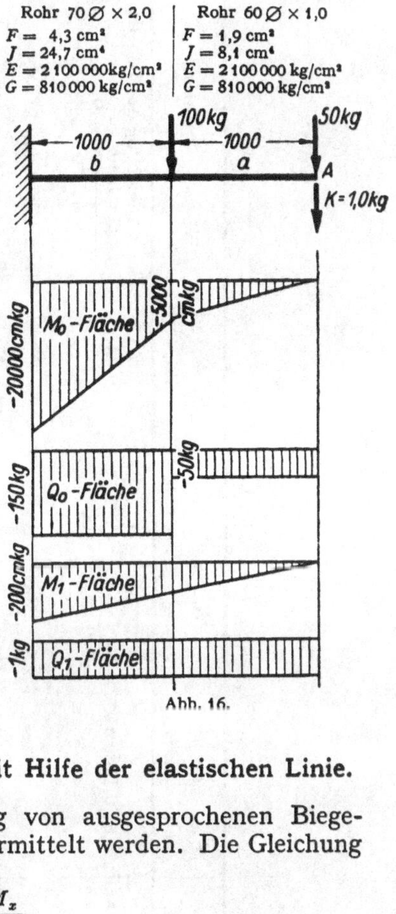

Abb. 16.

6. Bestimmung der Durchbiegung mit Hilfe der elastischen Linie.

Im folgenden soll die Durchbiegung von ausgesprochenen Biegeträgern mit Hilfe der elastischen Linie ermittelt werden. Die Gleichung dafür ist:

$$\frac{d^2 y}{d x^2} = - \frac{M_x}{E \cdot J}$$

Der Einfachheit halber soll hier die Belastung als Einzellast angenommen werden (Abb. 17). Das Moment an der Stelle x ist

$$M_x = P \cdot x$$

Es ist also

$$\frac{d^2 y}{d x^2} = - \frac{P \cdot x}{E \cdot J}$$

Tabelle 6.

	Stab	l cm	E kg/cm²	J cm⁴	$\varrho = \frac{l}{E \cdot J}$ 1/cmkg	M_0 cmkg	M_1 cmkg	$M_0 \cdot M_1 \cdot \varrho$ cmkg	Bemerkung
Biegung	a	100	2100000	8,1	$0{,}588 \cdot 10^{-5}$	− 5000	− 100	+0,98	Nach Gleichung 8a Tabelle 5 $\frac{0{,}588 \cdot 10^{-5}}{3}(-5000)(-100) = +0{,}98$
	b	100	2100000	24,7	$0{,}193 \cdot 10^{-5}$	5000 − 20000	100 − 200	+3,86	Nach Gleichung 5 Tabelle 5 $\frac{0{,}193}{6} \cdot 10^{-5}[-20000(2 \cdot \{-200\} - 100) + \{-5000\}(2 \cdot \{-100\} - 200)]$
		l cm	G kg/cm²	F cm²	$\varrho = \frac{l}{G \cdot F}$ cm/kg	Q_0 kg	Q_1 kg	$Q_0 \cdot Q_1 \cdot \varrho$ cmkg	
Querkraft	a	100	810000	1,9	$6{,}50 \cdot 10^{-5}$	50 − 50	1 − 1	+0,0033	Nach Gleichung 1 Tabelle 5 $6{,}5 \cdot 10^{-5}(-50)(-1)$
	b	100	810000	4,3	$2{,}87 \cdot 10^{-5}$	150 − 150	1 − 1	+0,0043	Nach Gleichung 1 Tabelle 5 $2{,}87 \cdot 10^{-5}(-150)(-1)$

$$K \cdot f = \sum \; +4{,}8476 \text{ cmkg}$$

Die Durchbiegung wird damit $f = \frac{+4{,}8476 \text{ cmkg}}{1{,}0 \text{ kg}} = +4{,}85 \text{ cm}$

Durch einmaliges Integrieren erhält man die Steigung der elastischen Linie

$$\frac{dy}{dx} = \frac{1}{E \cdot J} \int_0^l - P \cdot x \cdot dx$$

$$\frac{dy}{dx} = \operatorname{tg} \varphi = \frac{1}{E \cdot J} \left(- \frac{P \cdot x^2}{2} + c_1 \right)$$

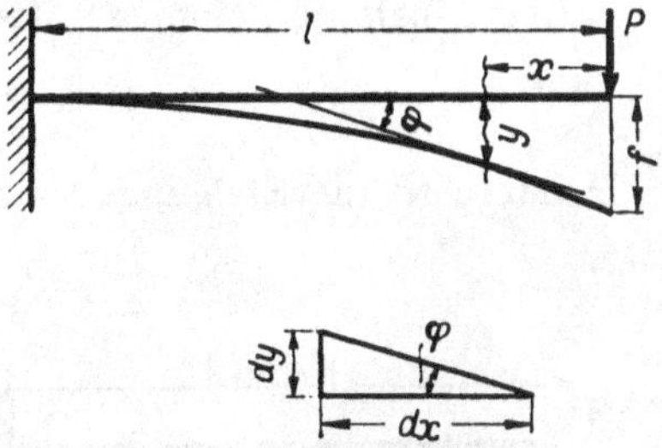

Abb. 17.

Die Steigung der elastischen Linie ist an der Einspannstelle 0, d. h. für $x = l$ ist $\frac{dy}{dx} = 0$.

$$0 = \frac{1}{E \cdot J} \left(- \frac{P \cdot l^2}{2} + c_1 \right)$$

damit ist

$$c_1 = \frac{P \cdot l^2}{2}$$

und

$$\frac{dy}{dx} = \operatorname{tg} \varphi = \frac{1}{E \cdot J} \left(\frac{P \cdot l^2}{2} - \frac{P \cdot x^2}{2} \right)$$

Durch ein nochmaliges Integrieren erhält man die Durchbiegung y

$$y = \frac{1}{E \cdot J} \int_0^l \left(\frac{P \cdot l^2}{2} - \frac{P \cdot x^2}{2} \right) dx$$

$$y = \frac{1}{E \cdot J} \left(\int_0^l \frac{P \cdot l^2}{2} \cdot dx - \int_0^l \frac{P \cdot x^2}{2} \cdot dx \right)$$

$$y = \frac{1}{E \cdot J} \left(\frac{P \cdot l^2}{2} \cdot x - \frac{P \cdot x^3}{2 \cdot 3} + c_2 \right)$$

An der Einspannstelle ist die Durchbiegung 0, d. h. für $x = l$ ist $y = 0$. Daraus wird

$$0 = \frac{1}{E \cdot J} \left(\frac{P \cdot l^2}{2} \cdot l - \frac{P \cdot l^3}{6} + c_2 \right)$$

und

$$c_2 = - \frac{P \cdot l^3}{3}$$

Damit wird jetzt

$$y = \frac{1}{E \cdot J} \left[- \frac{P \cdot l^3}{3} + \frac{P \cdot l^2}{2} \cdot x - \frac{P \cdot x^3}{6} \right]$$

Setzt man für $x = 0$, dann erhält man die maximale Durchbiegung mit

$$y_{\max} = f = - \frac{1}{E \cdot J} \cdot \frac{P \cdot l^3}{3}$$

Das —Zeichen deutet auf die Durchbiegung in $-y$-Richtung.

Betrachtet man die Steigung der elastischen Linie genauer, dann stellt die Gleichung den Inhalt der Momentenfläche zwischen der Einspannstelle und dem Schnitt x dar (vgl. Abb. 18).

Der Inhalt der Momentenfläche ist

$$\mathfrak{F} = P \cdot l \cdot \frac{l}{2} - P \cdot x \cdot \frac{x}{2}$$

Damit wird die Steigung der elastischen Linie

$$\frac{dy}{dx} = \operatorname{tg} \varphi = \frac{\mathfrak{F}}{E \cdot J}$$

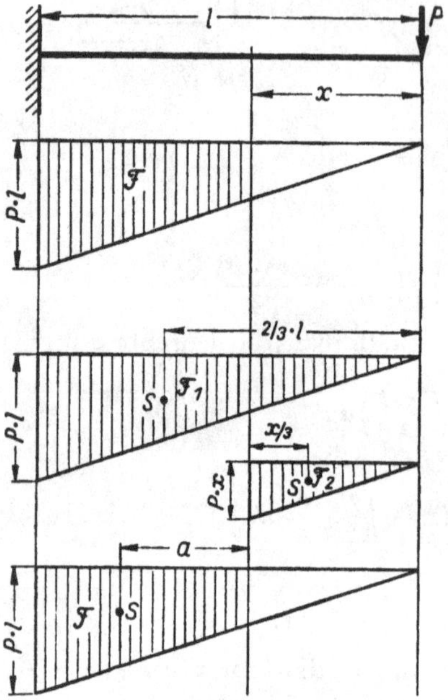

Abb. 18.

In ähnlicher Art kann man auch die Durchbiegung aus der Momentenfläche bestimmen. Die Durchbiegung ist gleich dem statischen Moment der Momentenfläche zwischen der Einspannstelle und dem Schnitt x bezogen auf den Schnitt x (vgl. Abb. 18).

Das statische Moment der Momentenfläche ist

$$\begin{aligned} M_{St} &= -\mathfrak{F}_1 \cdot \left(\frac{2}{3}\, l - x\right) - \mathfrak{F}_2 \cdot \frac{x}{3} \\ &= -P l \frac{l}{2} \left(\frac{2}{3}\, l - x\right) - P \cdot x \cdot \frac{x}{2} \cdot \frac{x}{3} \\ &= -\frac{P \cdot l^3}{3} + \frac{P \cdot l^2}{2} \cdot x - \frac{P \cdot x^3}{6} \end{aligned}$$

Damit wird die Durchbiegung

$$y = \frac{M_{St}}{E \cdot J} = \frac{\mathfrak{F} \cdot a}{E \cdot J}$$

Die oben abgeleiteten Beziehungen über die Steigung der elastischen Linie und die Durchbiegung gelten nicht nur für Einzellasten am Trägerende, sondern für jede beliebige Lastverteilung über den Träger (Abb. 19).

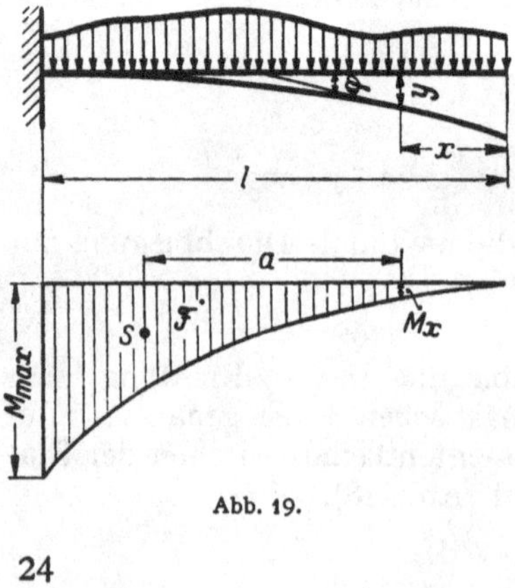

Abb. 19.

$$\operatorname{tg} \varphi = \frac{\mathfrak{F}}{E \cdot J}$$

$$y = \frac{\mathfrak{F} \cdot a}{E \cdot J}$$

7. Zahlenbeispiel für die Durchbiegung eines Biegeträgers mit Hilfe der elastischen Linie.

Wendet man diese Gleichung für das Beispiel nach Abb. 16 an, dann muß man ebenfalls auf dieselbe Durchbiegung kommen. (Zu bemerken ist hier, daß die in den meisten Fällen vernachlässigbar kleine Durchbiegung infolge Querkraft in den obigen Gleichungen nicht mit enthalten ist.)

Es ist die maximale Durchbiegung am Trägerende $f = \frac{\mathfrak{F} \cdot a}{E \cdot J}$

Die Momentenfläche $\mathfrak{F}$ wird in einzelne Dreiecke zerlegt, um die Abstände a einfacher bestimmen zu können (Abb. 20). Es ist dann jede Fläche einzeln mit ihrem Schwerpunktsabstand zu berücksichtigen.

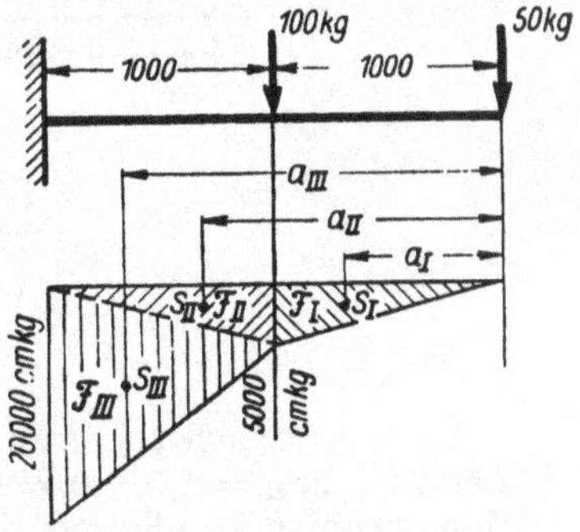

Abb. 20.

$$\text{Fläche I: } f_I = \frac{5000 \cdot 100 \cdot 66{,}7}{2 \cdot 2\,100\,000 \cdot 8{,}1} = 0{,}98 \text{ cm}$$

$$\text{Fläche II: } f_{II} = \frac{5000 \cdot 100 \cdot 133{,}3}{2 \cdot 2\,100\,000 \cdot 24{,}7} = 0{,}64 \text{ ,,}$$

$$\text{Fläche III: } f_{III} = \frac{20\,000 \cdot 100 \cdot 166{,}7}{2 \cdot 2\,100\,000 \cdot 24{,}7} = 3{,}22 \text{ ,,}$$

$$f = 4{,}84 \text{ cm}$$

Damit ergibt sich die gleiche Durchbiegung wie nach der anderen Methode aus Tabelle 6.

8. Zahlenbeispiel für die Verdrehung einer Torsionsröhre.

In ähnlicher Weise, wie man die Durchbiegung vom Träger ermittelt, kann auch die Verdrehung von Torsionsröhren bestimmt werden. An Hand eines Beispieles soll auch hier der Weg gezeigt werden (Abb. 21). Gesucht wird die Verdrehung der 1,5 m langen Röhre von 80 cm ⌀ unter der Belastung von $M_d = 300000$ cmkg.

Da die Wandstärke (hier 0,8 mm) nicht schubsteif ist, muß man in die Gleichung $E/4$ statt G einsetzen, dann wird also

$$K \cdot f = \frac{M_{d0} \cdot M_{d1} \cdot l}{E/4 \cdot J_d}$$

Den Ausdruck $K \cdot f$ kann man sich hier am besten wie Abb. 21 zeigt vorstellen. Nimmt man wieder $K = 1$ kg an, dann bekommt man aus der Gleichung die Durchbiegung f. Aus f und dem Hebel a läßt sich dann der Verdrehwinkel φ der Röhre bestimmen.

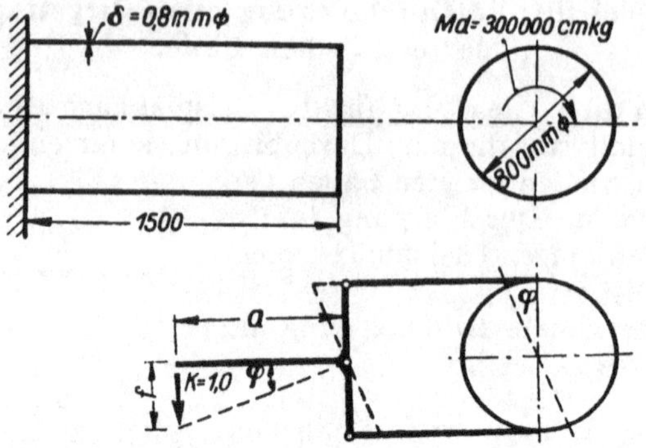

Abb. 21.

Es soll zunächst f ermittelt werden. Nimmt man $a = 90$ cm an, dann ist $M_{d1} = 1{,}0 \cdot 90 = 90$ cmkg. Das polare Trägheitsmoment für dünnwandige Hohlkörper ist

$$J_d = \frac{4 \cdot F^2 \cdot s}{U}$$

Für das vorliegende Beispiel ist

$$F = \text{Flächeninhalt der Röhre} = \frac{80^2 \cdot \pi}{4} = 5\,000 \text{ cm}^2$$

$$F^2 = 5000^2 = 25\,000\,000 \text{ cm}^4$$

$$s = \text{Wandstärke} = 0{,}08 \text{ cm}$$

$$U = \text{Umfang} = 80 \cdot \pi = 252 \text{ cm}$$

und
$$J_d = \frac{4 \cdot 25\,000\,000 \cdot 0{,}08}{252} = 31\,750 \text{ cm}^4$$

Damit wird jetzt

$$K \cdot f = \frac{M_{d0} \cdot M_{d1} \cdot l}{E/4 \cdot J_d} = \frac{300\,000 \cdot 90 \cdot 150}{175\,000 \cdot 31\,750} = 0{,}73 \text{ cmkg}$$

und
$$f = \frac{0{,}73}{1{,}0} = 0{,}73 \text{ cm}$$

Der Verdrehungswinkel läßt sich jetzt aus a und f ermitteln.

Es ist
$$\operatorname{tg} \varphi = \frac{f}{a} = \frac{0{,}73}{90} = 0{,}0081$$

Bei kleinen Winkeln kann $\operatorname{tg} \varphi = \operatorname{arc} \varphi$ gesetzt werden, und damit ist dann
$$\varphi = 57{,}3 \cdot 0{,}0081 = 0{,}46°$$

Betrachtet man diesen Rechnungsgang etwas näher, dann erkennt man, daß für $K \cdot f = \operatorname{arc} \varphi$ gesetzt werden kann, wenn für $M_{d1} = 1$ eingesetzt wird. Es ist also

$$\operatorname{arc} \varphi = \frac{M_{d0} \cdot M_{d1} \cdot l}{E/4 \cdot J_d}$$

$$\operatorname{arc} \varphi = \frac{300\,000 \cdot 1 \cdot 150}{175\,000 \cdot 31\,750} = 0{,}0081$$

und
$$\varphi = 0{,}0081 \cdot 57{,}3 = 0{,}46°.$$

9. Größeres Zahlenbeispiel für die Verformung mit allen vorkommenden Beanspruchungsarten.

Als Abschluß für die Verformungen soll jetzt noch ein Beispiel durchgerechnet werden, in dem alle Arten von Beanspruchungen vorkommen. Der Aufbau des Beispiels, die Belastungsarten und die Abmessungen

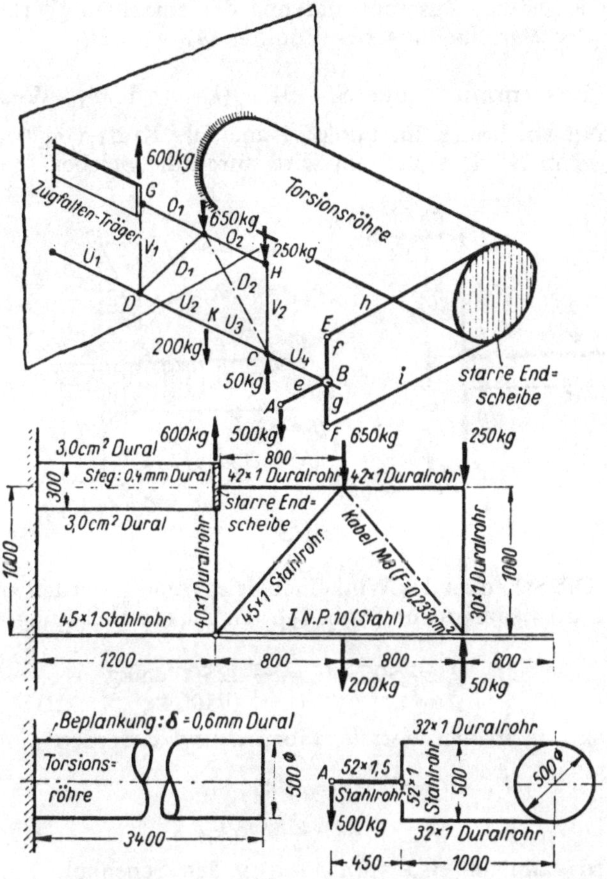

Abb. 22.

der Träger und Profile gehen aus Abb. 22 hervor. Gesucht ist die Verschiebung des Punktes A in senkrechter Richtung.

Zur Lösung dieser Aufgabe schlägt man folgenden Weg ein:

a) Bestimmung der S_0-, M_0-, Q_0-, M_{d0}-Werte. d. h. es sind die Beanspruchungen der einzelnen Bauteile aus den äußeren Lasten zu ermitteln.

b) Bestimmung der S_1-, M_1-, Q_1-, M_{d1}-Werte, d. h. es sind die Beanspruchungen der einzelnen Bauteile aus der Kraft $K = 1$ kg zu ermitteln. Die Kraft K wird jeweils in dem Punkt, dessen Verschiebung man errechnen will, in Richtung der zu errechnenden Verschiebung angenommen. Im obigen Beispiel ist K also im Punkt A senkrecht nach unten anzunehmen.

c) Tabellenmäßige Zusammenfassung der einzelnen Werte und Ausrechnung der Verschiebung des Punktes A.

a) Bestimmung der S_0-, M_0-, Q_0- und M_{d0}-Werte.

Man fängt am besten im Punkt A an. Die Kraft von 500 kg findet ihr Auflager in B. Das Moment wird durch die Streben h und i über-

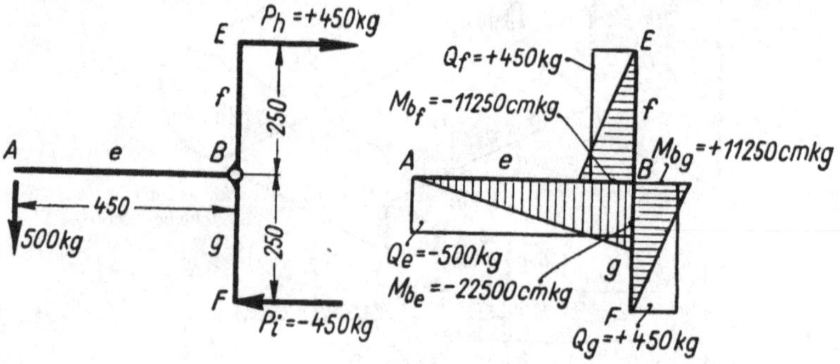

Abb. 23.

nommen. Die Schenkel des Winkelhebels e, f und g werden auf Biegung und Querkraft beansprucht (Abb. 23). Es ist die Belastung des Schenkels e

$$M_{b_e} = 500 \cdot 45 = -22500 \text{ cmkg}$$
$$Q_e = \quad -500 \text{ kg}$$

Die Längskräfte in den Parallelstäben h und i werden

$$P_h = \frac{22500}{50} = +450 \text{ kg}$$
$$P_i = \quad -450 \text{ kg}$$

Damit wird dann die Beanspruchung in den Schenkeln f und g

$$M_{b_f} = 450 \cdot 25 = -11250 \text{ cmkg}$$
$$Q_f = \quad +450 \text{ kg}$$
$$M_{b_g} = 450 \cdot 25 = +11250 \text{ cmkg}$$
$$Q_g = \quad +450 \text{ kg}$$

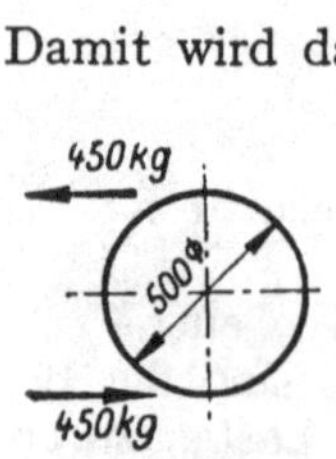

Abb. 24.

Die Stäbe h und i stützen sich auf die Torsionsröhre ab (Abb. 24) und belasten diese mit

$$M_d = 450 \cdot 50 = 22500 \text{ cmkg}$$

Die Auflagerkraft von 500 kg in B und die Kraft von 200 kg in K belasten den Doppel-T-Träger, der in den Punkten D und C am Fachwerk gelagert ist (Abb. 25). Die Auflagerdrücke errechnen sich zu

$$D = \frac{-500 \cdot 60 + 200 \cdot 80}{160} = -88 \text{ kg}$$

und

$$C = \frac{500 \cdot 220 + 200 \cdot 80}{160} = 788 \text{ kg}.$$

Damit werden die Biegemomente

$$M_K = 88 \cdot 80 = -7050 \text{ cmkg}$$

$$M_C = 500 \cdot 60 = -30000 \text{ ,,}$$

und die Querkräfte

$$Q_{D-K} = -88 \text{ kg}$$

$$Q_{K-C} = -88 - 200 = -288 \text{ kg}$$

$$Q_{C-B} = -288 + 788 = +500 \text{ ,,}$$

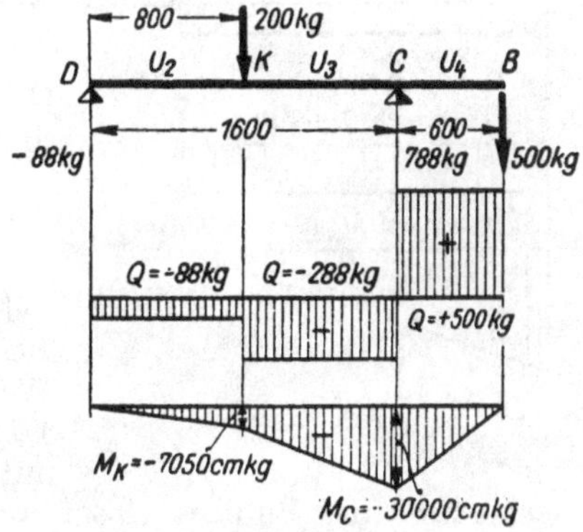

Abb. 25.

Dieser Träger ist gleichzeitig der Untergurt von dem Fachwerk G, H, D, C. Die Auflagerdrücke wirken somit als äußere Lasten auf das Fachwerk. Die Lagerung des Fachwerkes ist in den Punkten G und D. Im Punkt G wird die Querkraft und Längskraft durch den Schubfaltenträger übernommen, während im Punkt D nur eine Längskraft durch den Stab U_1 übertragen wird. Die Ermittlung der Stabkräfte des Fachwerkes ist graphisch in Abb. 26 durchgeführt.

Die untere Abstützkraft im Punkt D ist gleichzeitig die Längskraft im Stab U_1 und beträgt $U_1 = -2100$ kg.

Als letztes Bauglied bleibt jetzt noch der Zugfaltenträger übrig. Die horizontale Kraft von $+2100$ kg wird direkt von den beiden Gurten des Trägers als Längskraft übernommen. Die Längskraft pro Gurt ist daher

$$L_{\text{Gurt}} = \frac{2100}{2} = +1050 \text{ kg}$$

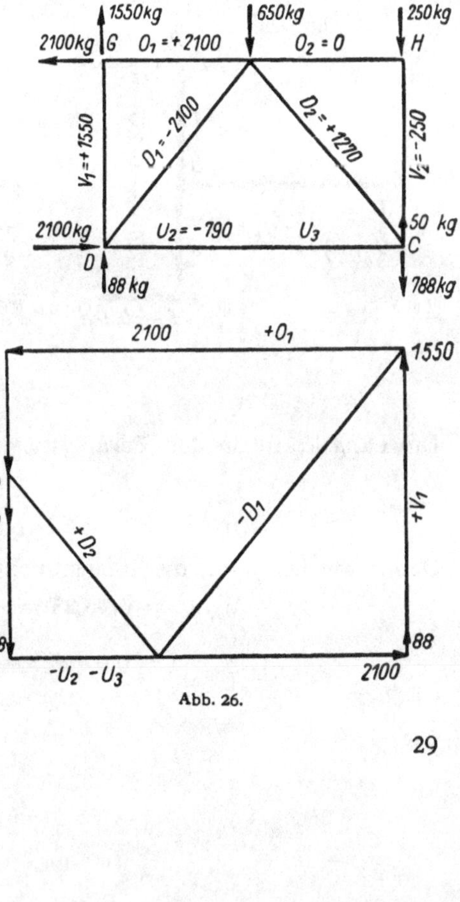

Abb. 26.

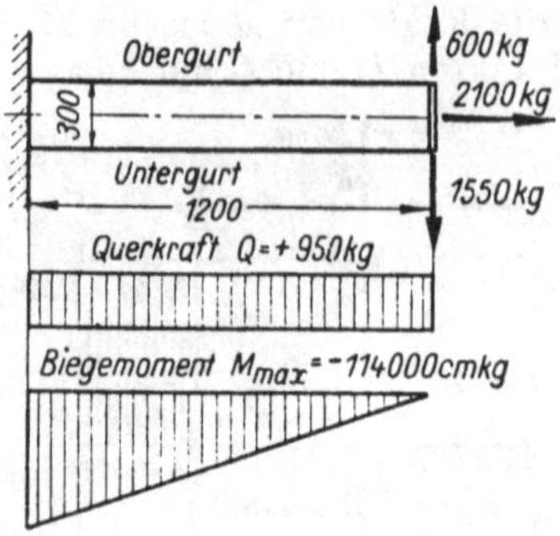

Abb. 27.

Die Vertikalkraft von 950 kg wirkt als Querbelastung des Zugfaltenträgers und wird von diesem als Biege- und Querkraftträger übernommen (Abb. 27)

$$Q = +950 \text{ kg}$$
$$M_{b\,\max} = -950 \cdot 120 = -144000 \text{ cmkg}$$

b) Bestimmung der S_1-, M_1-, Q_1- und M_{d1}-Werte.

In gleicher Weise wird jetzt auch die Bestimmung der S_1-, Q_1-, M_{b1}- und M_{d1}-Werte vorgenommen. Die Kraft $K = 1$ kg wird im Punkt A senkrecht nach unten angenommen, da ja die Verschiebung des Punktes A senkrecht nach unten ermittelt werden soll. Die Lagerung erfolgt im Punkt B und durch die Parallelstäbe h und i. Dadurch ergeben sich im Winkelhebel folgende Beanspruchungen (Abb. 28).

$$M_{b_e} = 1 \cdot 45 = -45 \text{ cmkg}$$
$$Q_e = \quad -1 \text{ kg}$$

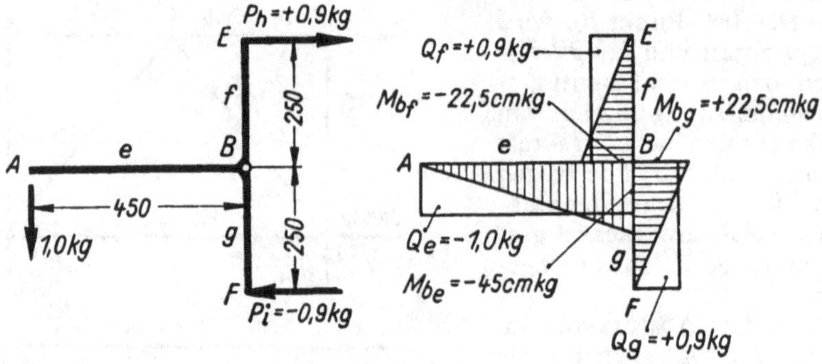

Abb. 28.

Die Längskräfte in den Parallelstäben h und i werden

$$P_h = \frac{45}{50} = +0{,}9 \text{ kg}$$
$$P_i = \quad -0{,}9 \text{ ,,}$$

Damit werden dann die Beanspruchungen in den Schenkeln f und g

$$M_{b_f} = 0{,}9 \cdot 25 = -22{,}5 \text{ cmkg}$$
$$Q_f = \quad +0{,}9 \text{ kg}$$
$$M_{b_g} = 0{,}9 \cdot 25 = +22{,}5 \text{ cmkg}$$
$$Q_g = \quad +0{,}9 \text{ kg}$$

Die Parallelstäbe stützen sich weiter auf die Torsionsröhre ab (Abb. 29) und belasten diese mit

$$M_d = 0{,}9 \cdot 50 = 45 \text{ cmkg}$$

Durch die Auflagerkraft im Punkt *B* wird der Doppel-T-Träger, der in *C* und *D* am Fachwerk gelagert ist, als Kragträger belastet (Abb. 30).

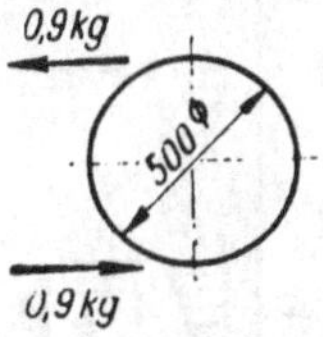

Abb. 29.

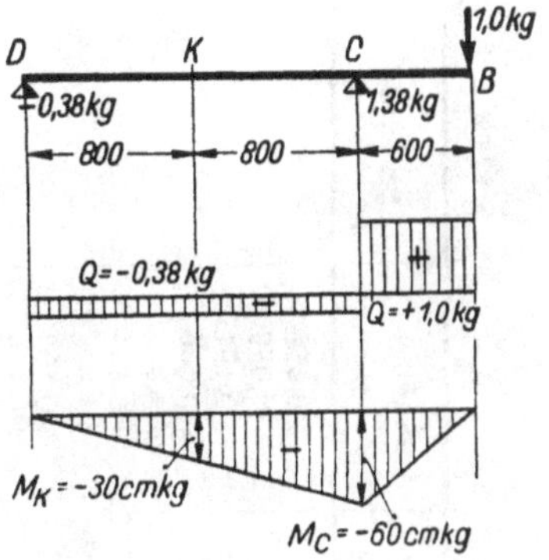

Abb. 30.

Die Auflagerdrücke errechnen sich zu

$$D = \frac{1{,}0 \cdot 60}{160} = -0{,}38 \text{ kg}$$

und

$$C = \frac{1{,}0 \cdot 220}{160} = 1{,}38 \text{ kg}$$

Damit werden die Biegemomente

$$M_K = 0{,}38 \cdot 80 = -30 \text{ cmkg}$$

$$M_C = 1{,}0 \cdot 60 = -60 \text{ „}$$

und die Querkräfte

$$Q_{D-C} = -0{,}38 \text{ kg}$$

$$Q_{C-B} = +1{,}0 \text{ „}$$

Dieser Träger ist gleichzeitig der Untergurt des Fachwerkes und wird als solcher zusätzlich durch Längskräfte belastet. Die Auflagerkräfte in *C* und *D* bilden die Belastung des Fachwerkes. Die Lagerung des Fachwerkes ist in den Punkten *G* und *D*. Im Punkt *G* wird die Quer- und Längskraft durch den Schubfaltenträger übernommen, während im Punkt *D* nur eine Längskraft durch den Stab U_1 übertragen wird. Die Ermittlung der Stabkräfte des Fachwerkes ist graphisch in Abb. 31 durchgeführt.

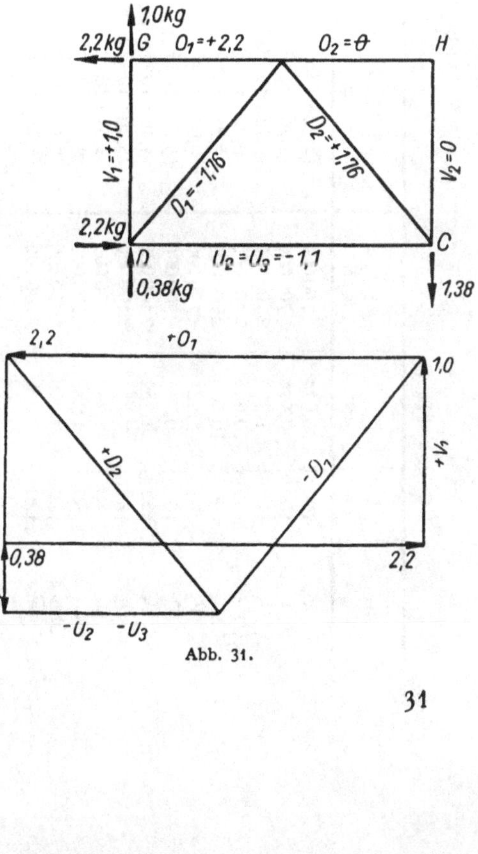

Abb. 31.

Tabelle 7.

Längskräfte:

Stab	l cm	F cm²	E kg/cm²	$\varrho = \frac{l}{E \cdot F}$ cm/kg	S_0 kg	S_1 kg	$S_0 \cdot S_1 \cdot \varrho$ cmkg	Bemerkung
h	100	0,974	700000	$14{,}70 \cdot 10^{-5}$	+ 450	+0,90	+0,059	
i	100	0,974	700000	$14{,}70 \cdot 10^{-5}$	− 450	−0,90	+0,059	
U_1	120	1,382	2100000	$4{,}13 \cdot 10^{-5}$	−2100	−2,20	+0,191	
$U_2 - U_3$	160	10,600	2100000	$0{,}72 \cdot 10^{-5}$	− 790	−1,10	+0,006	
U_4	60	10,600	2100000	$0{,}27 \cdot 10^{-5}$	—	—	—	
V_1	85	1,225	700000	$9{,}90 \cdot 10^{-5}$	+1550	+1,00	+0,154	
V_2	100	0,911	700000	$15{,}70 \cdot 10^{-5}$	− 250	—	—	
D_1	128	1,382	2100000	$4{,}40 \cdot 10^{-5}$	−2100	−1,76	+0,163	
D_2	128	0,233	2100000	$26{,}20 \cdot 10^{-5}$	+1270	+1,76	+0,587	
O_1	80	1,288	700000	$8{,}87 \cdot 10^{-5}$	+2100	+2,20	+0,410	
O_2	80	1,288	700000	$8{,}87 \cdot 10^{-5}$	—	—	—	
Oberg.	120	3,000	700000	$5{,}71 \cdot 10^{-5}$	+1050	+1,10	+0,066	
Unterg.	120	3,000	700000	$5{,}71 \cdot 10^{-5}$	+1050	+1,10	+0,066	

Biegemomente:

Stab	l cm	J cm⁴	E kg/cm²	$\varrho = \frac{l}{E \cdot J}$ 1/cmkg	M_0 cmkg		M_1 cmkg		$M_0 \cdot M_1 \cdot \varrho$ cmkg	
U_2	80	171,0	2100000	$0{,}0223 \cdot 10^{-5}$	0	− 7050	0	−30	+0,016	Tab. 5 Gl. 8
U_3	80	171,0	2100000	$0{,}0223 \cdot 10^{-5}$	− 7050	−30000	− 30	−60	+0,198	„ 5 „ 5
U_4	60	171,0	2100000	$0{,}0167 \cdot 10^{-5}$	− 30000	0	− 60	0	+0,100	„ 5 „ 8
e	45	7,6	2100000	$0{,}2820 \cdot 10^{-5}$	0	−22500	0	−45	+0,952	„ 5 „ 8
f	25	5,2	2100000	$0{,}2290 \cdot 10^{-5}$	− 11250	0	− 22,5	0	+0,193	„ 5 „ 8
g	25	5,2	2100000	$0{,}2290 \cdot 10^{-5}$	0	−11250	0	−22,5	+0,193	„ 5 „ 8
Träger	120	1350,0	700000	$0{,}0127 \cdot 10^{-5}$	−114000	0	−120	0	+0,580	„ 5 „ 8

Querkräfte:

Stab	l cm	F cm²	G kg/cm²	$\varrho = \frac{l}{G \cdot F}$ cm/kg	Q_0 kg	Q_1 kg	$Q_0 \cdot Q_1 \cdot \varrho$ cmkg	Bemerkung
U_2	80	10,60	810000	$0{,}931 \cdot 10^{-5}$	− 88	−0,38	+0,000	
U_3	80	10,60	810000	$0{,}931 \cdot 10^{-5}$	− 288	−0,38	+0,001	
U_4	60	10,60	810000	$0{,}699 \cdot 10^{-5}$	+ 500	+1,00	+0,004	
e	45	2,38	810000	$2{,}330 \cdot 10^{-5}$	− 500	−1,00	+0,012	
f	25	1,60	810000	$1{,}930 \cdot 10^{-5}$	+ 450	+0,90	+0,008	
g	25	1,60	810000	$1{,}930 \cdot 10^{-5}$	+ 450	+0,90	+0,008	
Träger	120	1,20	175000*	$57{,}10 \cdot 10^{-5}$	+ 950	+1,00	+0,542	* $E/4$

Drehmomente:

Röhre	l cm	J_d cm⁴	G kg/cm²	$\varrho = \frac{l}{G \cdot J_d}$ 1/cmkg	M_{d0} cmkg	M_{d1} cmkg	$M_{d0} \cdot M_{d1} \cdot \varrho$ cmkg	
R	340	5860	175000*	$0{,}0333 \cdot 10^{-5}$	+ 22500	+45	+0,337	* $E/4$

$$K \cdot f = \Sigma S_0 \cdot S_1 \cdot \varrho + \Sigma M_0 \cdot M_1 \cdot \varrho + \Sigma Q_0 \cdot Q_1 \cdot \varrho + \Sigma M_{d_0} \cdot M_{d_1} \cdot \varrho = +4{,}905 \text{ cmkg}$$

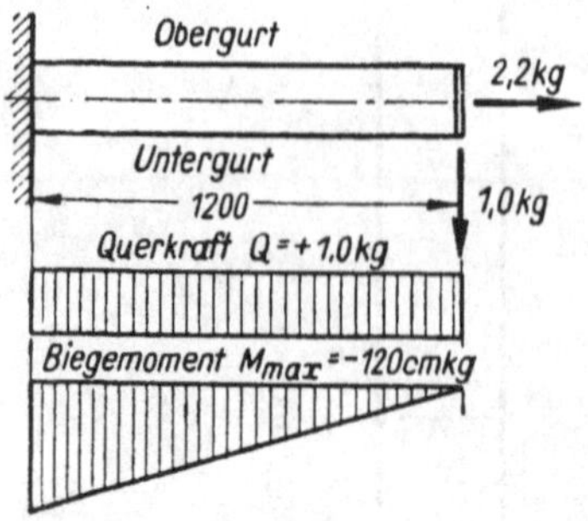

Abb. 32.

Die untere Abstützkraft im Punkt D ist gleichzeitig die Längskraft im Stab U_1 und beträgt $U_1 = -2{,}2$ kg.

Als letztes Bauglied bleibt jetzt noch der Zugfaltenträger übrig. Die horizontale Kraft von $+2{,}2$ kg wird direkt von den beiden Gurten des Trägers als Längskraft übernommen. Die Längskraft pro Gurt ist daher

$$L_{\text{Gurt}} = + \frac{2{,}2}{2} = +1{,}1 \text{ kg}$$

Die Vertikalkraft von 1,0 kg wirkt als Querbelastung des Zugfaltenträgers und wird von diesem als Biege- und Querkraftträger übernommen (Abb. 32).

$$Q = +1{,}0 \text{ kg}$$
$$M_{b\max} = 1{,}0 \cdot 120 = -120 \text{ cmkg}$$

c) Tabellenmäßige Errechnung der Verschiebung.

Für die Gesamtverschiebung des Punktes A werden die einzelnen Anteile aus der Längskraft, aus dem Moment, aus der Querkraft und aus dem Drehmoment algebraisch addiert, wie es durch folgende Gleichung zum Ausdruck kommt

$$K \cdot f = \sum \frac{S_0 \cdot S_1 \cdot l}{E \cdot F} + \sum \frac{M_0 \cdot M_1 \cdot l}{E. \cdot J} + \sum \frac{Q_0 \cdot Q_1 \cdot l}{G \cdot F} + \sum \frac{M_{d0} \cdot M_{d1} \cdot l}{G \cdot J_d}$$

Die Querschnittsdaten (Fläche und Trägheitsmoment) werden gleich in der Tabelle 7 mit zusammengestellt. Das J_d der Röhre ist, wie bereits erwähnt:

$$J_d = \frac{4 \cdot F^2 \cdot s}{U} = \frac{4 \cdot \left(\frac{50^2 \pi}{4}\right)^2 \cdot 0{,}06}{50 \cdot \pi} = 5860 \text{ cm}^4$$

Zu bemerken ist hier, daß für die dünnwandige Röhre wegen der auftretenden Zugfalten statt $G = E/4$ einzusetzen ist. Alle diese Daten werden in Tabelle 7 zusammengestellt und der Wert $K \cdot f$ errechnet.

Dieser errechnete Wert von $K \cdot f = +4{,}905$ cmkg stellt die Verformungsarbeit dar. Dividiert man diese Arbeit durch die eingangs mit 1,0 kg angesetzte Kraft K, dann erhält man den Verformungsweg, in diesem Fall die Durchbiegung oder Verschiebung f

$$f = \frac{+4{,}905}{K} = \frac{+4{,}905 \text{ cmkg}}{1{,}0 \text{ kg}} = +4{,}905 \text{ cm}$$

Das $+$Zeichen deutet darauf hin, daß die angenommene Richtung der Kraft K (nach unten) richtig gewesen ist, so daß die Verschiebung des Punktes A nach unten erfolgt, wie man es auch ohne Rechnung aus der Abb. 22 erkennen kann.

Teil II. Das statisch unbestimmte System.

1. Auflagerbedingungen.

Ein Punkt wird gegen Kräfte, die in einer Linie auf ihn einwirken, eindeutig festgehalten durch ein einstäbiges Auflager.

Wirken auf einen Punkt verschiedene Kräfte in einer Ebene, dann ist zur eindeutigen Lagerung ein zweistäbiges Auflager erforderlich.

Liegt der Punkt im Raum und können Kräfte in allen Richtungen auf ihn einwirken, dann ist zur eindeutigen Lagerung ein dreistäbiges Auflager erforderlich.

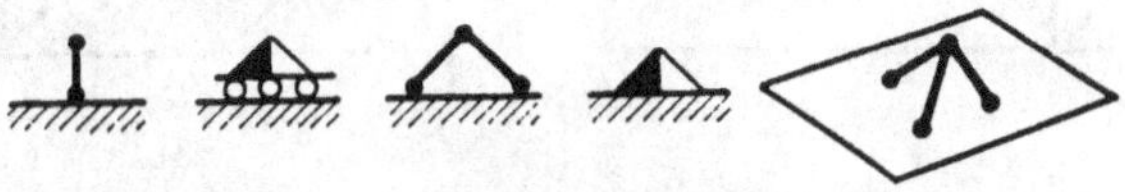

einstäbiger Anschluß (Linie) **zweistäbiger Anschluß (Ebene)** **dreistäbiger Anschluß (Raum)**

Abb. 33.

Für die eindeutige, d. h. statisch bestimmte Lagerung eines Punktes sind erforderlich

für die Linie ein einstäbiges Auflager
„ „ Ebene „ zwei „ „
„ den Raum „ drei „ „

Abb. 34.

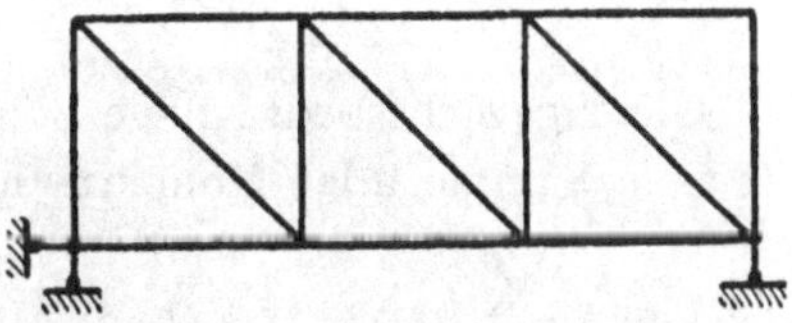

Abb. 35.

Um einen Balken oder ein Fachwerk in einer Ebene gegen alle einwirkenden Kräfte statisch bestimmt zu lagern, sind ein zwei- und ein einstäbiges Lager erforderlich. Das zweistäbige Auflager kann dabei durch zwei einstäbige Auflager ersetzt werden (Abb. 34—37). Im ganzen sind

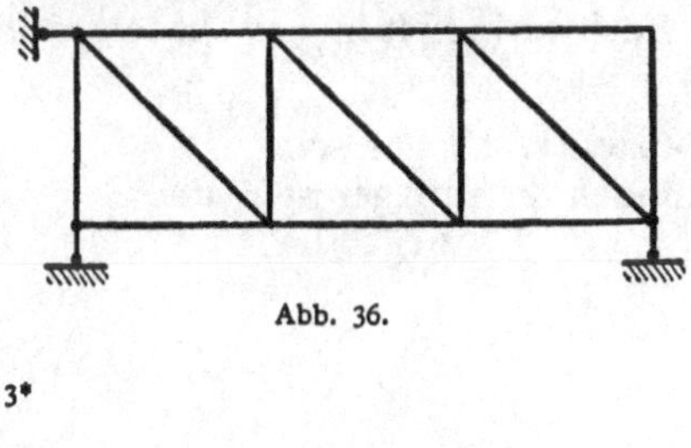

Abb. 36.

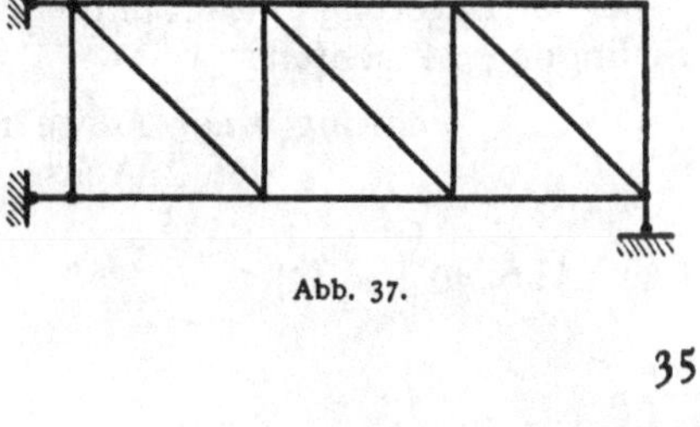

Abb. 37.

also 3 Auflagerunbekannte vorhanden. Hierfür stehen auch 3 Auflagerbedingungen, d. h. 3 Gleichungen zur Verfügung.

1. $\sum$ aller Vertikalen = 0,
2. $\sum$ aller Horizontalen = 0,
3. $\sum$ aller Momente = 0.

Damit sind zur Berechnung der 3 Auflagerunbekannten auch 3 Gleichungen vorhanden und somit ist die Lagerung statisch bestimmt. Erst wenn ein 4. Auflager vorhanden ist (Abb. 38), fehlt eine Gleichung zur Ermittlung der 4. Auflagerkraft, und damit wird die Lagerung statisch unbestimmt. Hat ein Träger nur 2 Auflager (Abb. 39), dann ist er labil

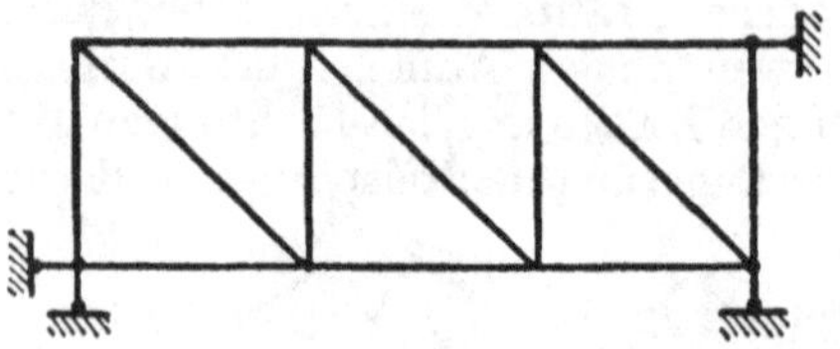

Abb. 38.

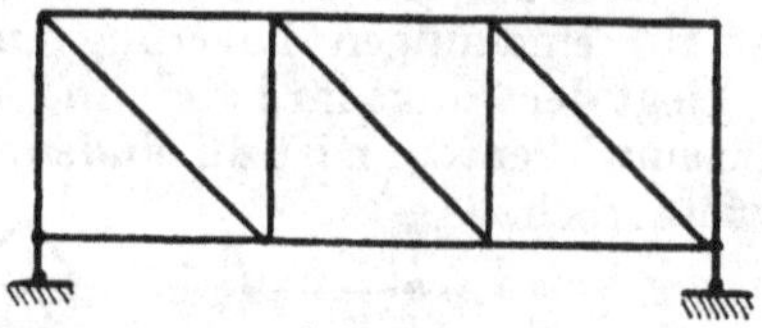

Abb. 39.

gelagert. d. h. es können Kräfte auftreten, die ihn aus dem Gleichgewichtszustand bringen.

Für die Lagerung räumlicher Fachwerke stehen im ganzen 6 Gleichungen zur Verfügung.

3 Gleichgewichtsbedingungen für die Kräfte

Summe aller Kräfte in Richtung der x-Achse = 0
„ „ „ „ „ „ y- „ = 0
„ „ „ „ „ „ z- „ = 0

3 Gleichgewichtsbedingungen für die Momente

Summe aller Momente um die x-Achse = 0
„ „ „ „ „ y- „ = 0
„ „ „ „ „ z- „ = 0,

d. h. räumliche Fachwerke sind durch 6 Stäbe statisch bestimmt gelagert.

Entweder ein einstäbiger, ein zweistäbiger und ein dreistäbiger Anschluß (Abb. 40)
oder drei zweistäbige Anschlüsse (Abb. 41)
oder eine andere Aufteilung (Abb. 42).

Bei der Lagerung eines räumlichen Fachwerkes ist immer auf folgende Bedingung zu achten:

In Richtung einer Achse muß ein Auflager sein
„ „ der 2. Achse müssen 2 Auflager sein und
„ „ „ 3. „ „ 3 „ „

(vgl. Abb. 40 bis 42).

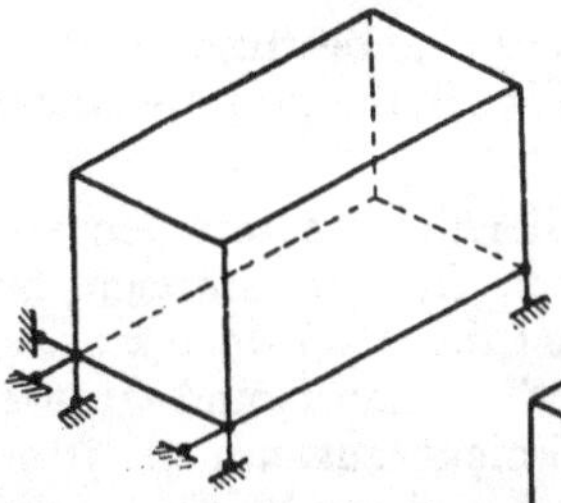

Abb. 40.

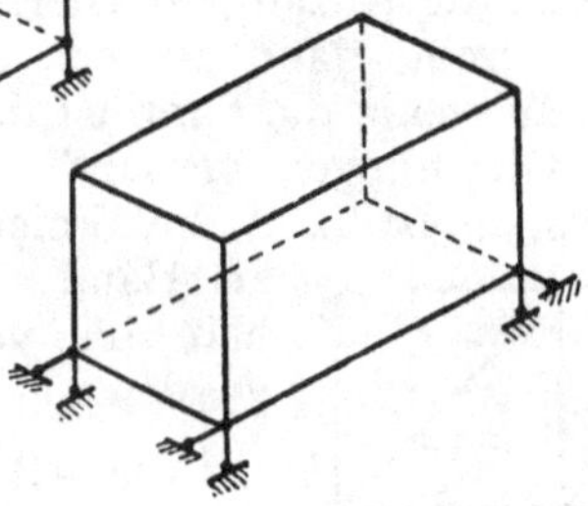

Abb. 41.

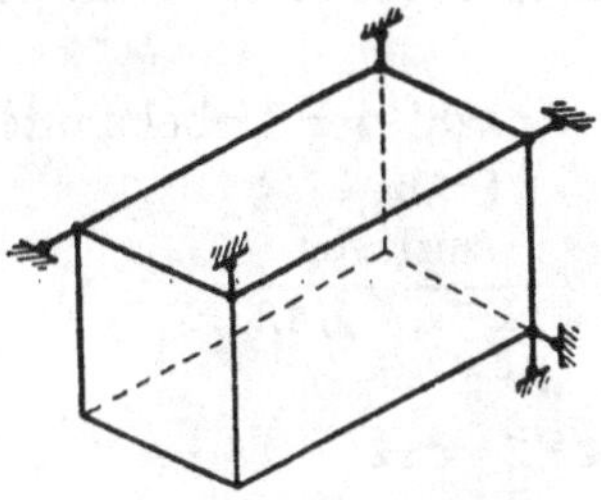

Abb. 42.

2. Art und Anzahl der Unbestimmtheit.

Man unterscheidet zwei Arten von statisch unbestimmten Systemen. Einmal das innerlich statisch unbestimmte System, das sind Fachwerke, die einen oder mehrere überzählige Stäbe haben, und zweitens das äußerlich statisch unbestimmte System, das sind solche, die ein oder mehrere überzählige Auflager haben.

Hat ein Fachwerk einen Stab oder ein Auflager zu wenig, dann ist es labil und knickt in sich zusammen. Nun ist es möglich, daß ein labiles System durch ein überzähliges Auflager wieder stabil, d. h. statisch bestimmt wird.

Die äußerliche Unbestimmtheit und die statisch bestimmte Lagerung ist bereits im vorigen Abschnitt besprochen.

Die innerliche Unbestimmtheit (überzählige Stäbe) soll im folgenden behandelt werden.

Es besteht zwischen der Anzahl der Knoten und der Anzahl der Unbekannten (Stäbe und Auflager) ein bestimmtes Verhältnis. Für einen ebenen Knoten lassen sich z. B. 2 Gleichungen aufstellen

1. $\sum$ aller Vertikalen $= 0$
2. $\sum$ „ Horizontalen $= 0$,

und für den räumlichen Knoten sind

3 Gleichungen vorhanden

1. $\sum$ aller x-Kräfte $= 0$
2. $\sum$ „ y- „ $= 0$
3. $\sum$ „ z- „ $= 0$.

Damit kann man für jedes Fachwerk eine bestimmte Anzahl Gleichungen aufstellen. Weiter ist die Anzahl der Stäbe und die Anzahl der Auflager zu ermitteln.

Stimmt jetzt die Anzahl der Gleichungen mit den vorhandenen Unbekannten überein, dann ist das System statisch bestimmt. Sind Gleichungen zu wenig da, dann ist das Fachwerk statisch unbestimmt. Sind zuviel Gleichungen vorhanden, dann sind zu wenig Stäbe da, d. h. das System ist labil und knickt zusammen. Im folgenden soll an Hand einiger Beispiele die Unbestimmtheit für verschiedene Fachwerke ermittelt werden.

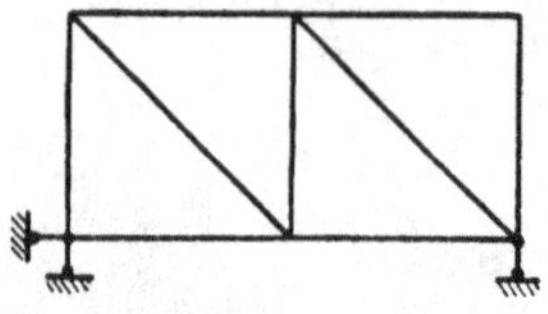

Abb. 43.

(Abb. 43): Anzahl der Unbekannten

Stäbe	9
Auflager	3
Σ	12

Anzahl der Gleichungen

6 Knoten mit je 2 Gleichungen $6 \cdot 2 = 12$.

12 Unbekannte stehen 12 Gleichungen gegenüber, d. h. statisch bestimmt.

(Abb. 44): Anzahl der Unbekannten

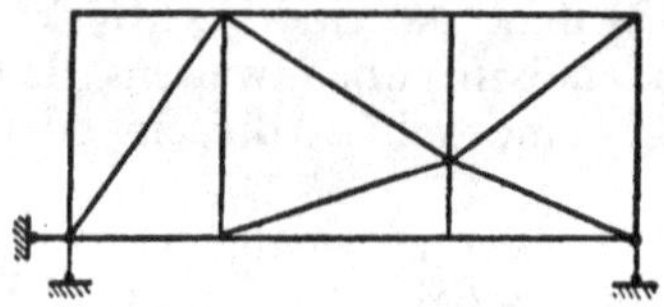

Abb. 44.

Stäbe	16
Auflager	3
Σ	19

Anzahl der Gleichungen

9 Knoten mit je 2 Gleichungen $9 \cdot 2 = 18$.

19 Unbekannte gegenüber 18 Gleichungen, d. h. 1 Unbekannte zuviel, also einfach statisch unbestimmt.

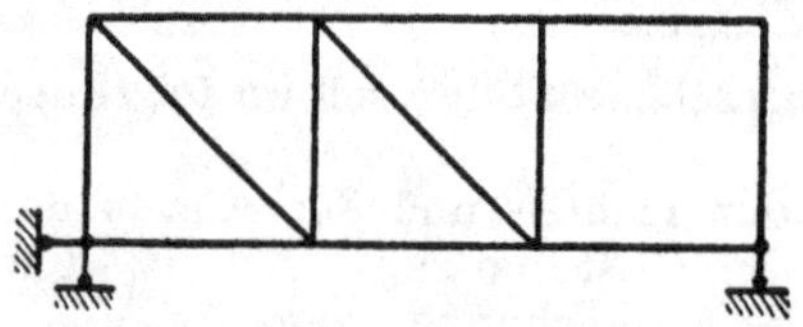

Abb. 45.

(Abb. 45): Anzahl der Unbekannten

Stäbe	12
Auflager	3
Σ	15

Anzahl der Gleichungen

8 Knoten mit je 2 Gleichungen $2 \cdot 8 = 16$.

15 Unbekannte gegenüber 16 Gleichungen.

Es ist eine Unbekannte zu wenig, ein Stab zu wenig, das System ist labil und knickt zusammen. Es fehlt die Diagonale im rechten Feld. Diese Diagonale kann aber auch durch ein weiteres Auflager ersetzt werden.

(Abb. 46): Anzahl der Unbekannten

Stäbe	27
Auflager	6
	Σ 33

Anzahl der Gleichungen

9 räumliche Knoten

3 ebene Knoten

$$9 \cdot 3 = 27$$
$$3 \cdot 2 = 6$$
$$\Sigma\, 33$$

Anzahl der Gleichungen = Anzahl der Unbekannten, d. h. statisch bestimmt.

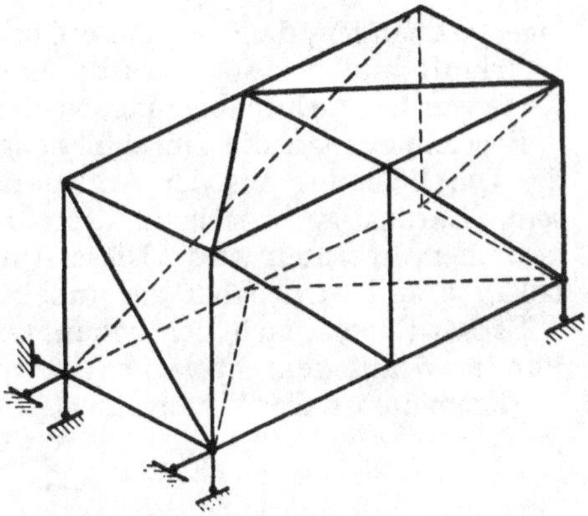

Abb. 46.

Ein räumlicher Körper, dessen Wände für sich statisch bestimmt sind und der keine Raumdiagonale hat, ist bei statisch bestimmter Lagerung immer statisch bestimmt.

(Abb. 47): Anzahl der Unbekannten

Stäbe	19
Auflager	6
	Σ 25

Anzahl der Gleichungen

8 räumliche Knoten	$8 \cdot 3 =$	24
0 ebene „	$=$	0
		Σ 24

25 Unbekannte, 24 Gleichungen, einfach statisch unbestimmt wegen der Raumdiagonale.

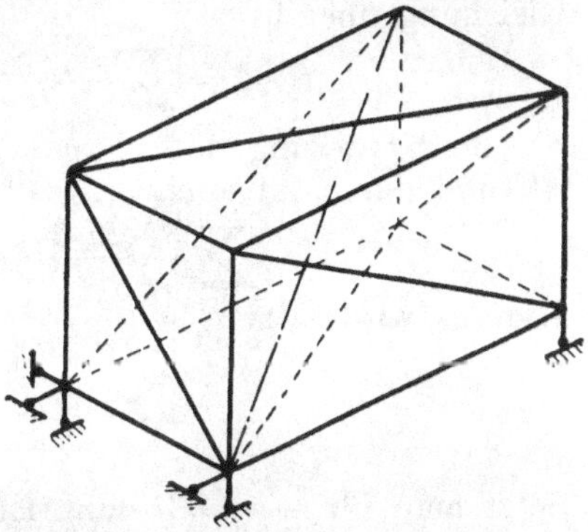

Abb. 47.

3. Das einfach statisch unbestimmte Fachwerk mit Zahlenbeispiel.

Für die Erklärung der Berechnung des statisch unbestimmten Systems soll das Beispiel nach Abb. 4 bis 7 herangezogen werden. Bisher war das Fachwerk statisch bestimmt. Es soll durch eine 4. Lagerung im Punkt *5* statisch unbestimmt gemacht werden (Abb. 48). Die äußere Belastung, die Abmessungen und Dimensionen seien genau wie im Beispiel nach Abb. 4 bis 7.

Zur Lösung dieser Aufgabe stellt man folgende Überlegung an.

Wenn das äußere Auflager nicht da ist, senkt sich der Punkt *5* um 1,15 cm nach unten (Tabelle 1). Ist das Auf-

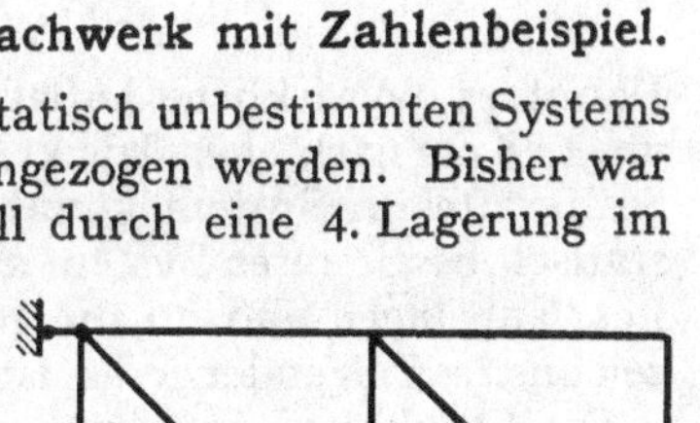

Abb. 48.

lager vorhanden, dann ist diese Durchbiegung nicht möglich. Die Auflagerkraft muß also so groß sein, daß sie die durch die äußere Belastung hervorgerufene Durchbiegung wieder zurückdrückt.

Bezeichnet man die Durchbiegung aus der äußeren Last mit f und die Durchbiegung aus der Auflagerkraft mit δ, dann muß $f + \delta = 0$ sein. Daraus ergibt sich die Durchbiegung δ, die durch die Auflagerkraft hervorgerufen wird. Diese Auflagerkraft ist zunächst noch nicht bekannt und wird daher als unbekannte Größe X_1 eingeführt.

Es wird jetzt nach der bekannten Methode die Durchbiegung des Punktes 5 aus dem Auflager X_1 ermittelt.

Allgemein ist die Verformungsarbeit*

$$K \cdot f = \sum \frac{S_0 \cdot S_1 \cdot l}{E \cdot F}$$

In diesem Fall ist jetzt für $f = \delta$ zu setzen und für S_0 müssen die Stabkräfte aus X_1 eingefügt werden. Letztere sind aber gleich $S_1 \cdot X_1$; denn die S_1-Kräfte sind die Stabkräfte aus einer Kraft 1 kg im Punkt 5. Die Stabkräfte aus der Kraft X_1 sind dann $X_1 \cdot S_1$. Daher geht die Gleichung über in

$$K \cdot \delta = \sum \frac{X_1 \cdot S_1 \cdot S_1 \cdot l}{E \cdot F} = X_1 \sum \frac{S_1^2 \cdot l}{E \cdot F}$$

Aus der Forderung, daß $f + \delta = 0$ ist, geht hervor, daß $K \cdot f + K \cdot \delta = 0$ ist, und damit ist auch

$$\sum \frac{S_0 \cdot S_1 \cdot l}{E \cdot F} + X_1 \sum \frac{S_1^2 \cdot l}{E \cdot F} = 0$$

Hieraus wird jetzt

$$X_1 = - \frac{\sum \frac{S_0 \cdot S_1 \cdot l}{E \cdot F}}{\sum \frac{S_1^2 \cdot l}{E \cdot F}}$$

Setzt man für $\frac{l}{E \cdot F} = \varrho$ dann ist

$$X_1 = - \frac{\sum S_0 \cdot S_1 \cdot \varrho}{\sum S_1^2 \cdot \varrho}$$

Damit ist die wirkliche Auflagerkraft $X_1 \cdot 1$ kg, die das Fachwerk wieder um 1,15 cm nach oben drückt, bekannt. Zur Bestimmung der wirklichen Stabkräfte im System könnte man jetzt das ganze Fachwerk als ein statisch bestimmtes System auffassen, die Auflagerkraft mit als äußere Last anbringen und für die gesamte Belastung einen neuen Kräfteplan zeichnen. Folgender Weg ist jedoch etwas einfacher:

Die Stabkräfte aus den äußeren Lasten, die S_0-Kräfte, sind schon bekannt (Abb. 6). Ebenfalls sind die Stabkräfte aus der Kraft 1,0 kg, die S_1-Kräfte vorhanden (Abb. 7). Letztere sind jetzt nur noch mit

---

* Die Verformungsarbeit eines Stabes ist $K \cdot f = \frac{1}{2} \cdot S_0 \cdot S_1 \cdot \varrho$. Da dieser Faktor 2 in beiden Gleichungen ($K \cdot f = \ldots$ und $K \cdot \delta = \ldots$) vorkommt, hebt er sich heraus und wird daher für die Ableitung nicht berücksichtigt.

der wirklichen Auflagerkraft X_1 zu multiplizieren und den S_0-Kräften zu überlagern. Damit ergeben sich die wirklichen Stabkräfte S zu

$$S = S_0 + S_1 \cdot X_1$$

Die Berechnung der Stabkräfte S geschieht in Tabelle 8.

Tabelle 8.

Stab	$\varrho = \frac{l}{E \cdot F}$ cm/kg	S_1 kg	S_0 kg	$S_1 \cdot S_0 \cdot \varrho$ cmkg	$S_1^2 \cdot \varrho$ cmkg	$S_1 \cdot X_1$ $X_1 = -830$ kg	$S = S_0 + S_1 \cdot X_1$ kg
O_1	$14{,}3 \cdot 10^{-5}$	+1,0	+ 500	+0,0715	+0,000143	− 830	−330
O_2	$14{,}3 \cdot 10^{-5}$	—	—	—	—	—	—
U_1	$10{,}0 \cdot 10^{-5}$	−2,0	−2000	+0,4000	+0,000400	+1660	−340
U_2	$25{,}0 \cdot 10^{-5}$	−1,0	− 500	+0,1250	+0,000250	+ 830	+330
D_1	$8{,}4 \cdot 10^{-5}$	+1,41	+2120	+0,2500	+0,000168	−1170	+950
D_2	$16{,}8 \cdot 10^{-5}$	+1,41	+ 705	+0,1670	+0,000336	−1170	−465
V_1	$4{,}76 \cdot 10^{-5}$	− 1,0	−1500	+0,0700	+0,000048	+ 830	−670
V_2	$4{,}76 \cdot 10^{-5}$	− 1,0	−1500	+0,0700	+0,000048	+ 830	−670
V_3	$9{,}55 \cdot 10^{-5}$	—	− 500	—	—	—	−500
			$\sum$	+1,1535	+0,001393		

$$X_1 = -\frac{\sum S_0 \cdot S_1 \cdot \varrho}{\sum S_1^2 \cdot \varrho} = -\frac{+1{,}1535}{+0{,}001393} = -830$$

Es soll weiter angenommen werden, daß die Stütze in dem obigen Beispiel nicht starr ist, sondern aus einem Stahlrohr 60 × 1,5 besteht und eine Länge von 1,2 m hat (Abb. 49). Dadurch wird die Stütze selbst elastisch und kann den Punkt *5* nicht mehr vollkommen abstützen. Diese Nachgiebigkeit der Stütze wird in der Berechnung wie folgt berücksichtigt:

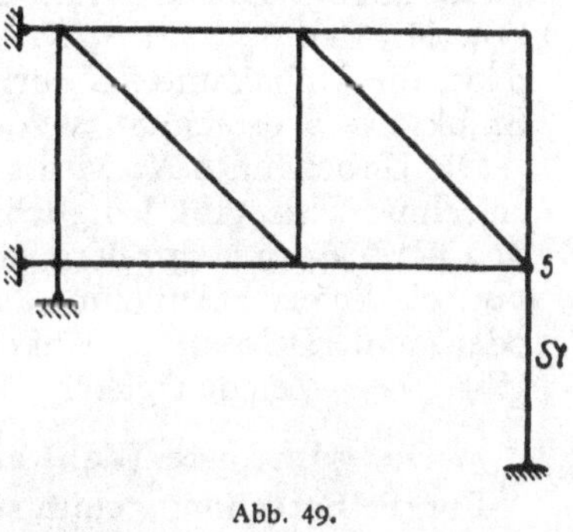

Abb. 49.

Man denke sich das Auflager am unteren Ende der Stütze *St*, und damit greift auch die Auflagerkraft X_1 am unteren Ende der Stütze an. Somit tritt auch eine S_1-Kraft in der Stütze selbst auf. In diesem Fall ist sie $S_1 = +1{,}0$ kg. Damit ändert sich der Ausdruck

$$S_1^2 \cdot \varrho$$

und mithin auch der Wert X_1.

Dadurch, daß S_1 in der 2. Potenz erscheint, wird das Vorzeichen immer positiv. Es wird der Ausdruck $S_1^2 \cdot \varrho$ auf jeden Fall größer und damit wird X_1, also die Auflagerkraft, kleiner, und dementsprechend ändern sich auch die S-Kräfte. Siehe hierzu Tabelle 9 auf S. 42.

Nach der Durchrechnung des statisch unbestimmten Fachwerkes soll der Berechnungsgang noch einmal verfolgt werden.

1. Das statisch unbestimmte System wird durch Wegschneiden des überzähligen Stabes oder Auflagers (im Beispiel das Auflager am Punkt *5*)

in ein statisch bestimmtes System, das statisch bestimmte Grundsystem, verwandelt.

2. Es werden die Stabkräfte im statisch bestimmten Grundsystem aus den äußeren Lasten, die sog. S_0-Kräfte, ermittelt. (Im Beispiel sind das die Kräfte nach Abb. 6.)

Tabelle 9.

Stab	$\varrho = \frac{l}{E \cdot F}$ cm/kg	S_1 kg	S_0 kg	$S_1 \cdot S_0 \cdot \varrho$ cmkg	$S_1^2 \cdot \varrho$ cmkg	$S_1 \cdot X_1$, $X_1 = -816$ kg	$S = S_0 + S_1 \cdot X_1$ kg
O_1	$14{,}3 \cdot 10^{-5}$	+1,0	+ 500	+0,0715	+0,000143	− 816	−316
O_2	$14{,}3 \cdot 10^{-5}$	—	—	—	—	—	—
U_1	$10{,}0 \cdot 10^{-5}$	−2,0	−2000	+0,4000	+0,000400	+1632	−368
U_2	$25{,}0 \cdot 10^{-5}$	−1,0	− 500	+0,1250	+0,000250	+ 816	+316
D_1	$8{,}4 \cdot 10^{-5}$	+1,41	+2120	+0,2500	+0,000168	−1150	+970
D_2	$16{,}8 \cdot 10^{-5}$	+1,41	+ 705	+0,1670	+0,000336	−1150	−445
V_1	$4{,}76 \cdot 10^{-5}$	−1,0	−1500	+0,0700	+0,000048	+ 816	−684
V_2	$4{,}76 \cdot 10^{-5}$	−1,0	−1500	+0,0700	+0,000048	+ 816	−684
V_3	$9{,}55 \cdot 10^{-5}$	—	− 500	—	—	—	−500
St	$2{,}09 \cdot 10^{-5}$	+1,0	—	—	+0,000021	− 816	−816
				$\sum$ +1,1535	+0,001414		

$$X_1 = -\frac{\sum S_0 \cdot S_1 \cdot \varrho}{\sum S_1^2 \cdot \varrho} = -\frac{+1{,}1535}{+0{,}001414} = -816$$

3. Der weggeschnittene Stab oder das weggeschnittene Auflager wird als unbestimmte Größe X_1 eingeführt. Mit der Kraft $X_1 = +1{,}0$ kg wird das Grundsystem belastet, und man erhält damit die S_1-Kräfte (ohne äußere Lasten). (Im Beispiel Kräfte nach Abb. 7.)

4. Mit den S_0- und S_1-Kräften und den Dimensionen der Stäbe wird dann die Unbekannte X_1 ermittelt, und damit können die wirklichen Stabkräfte S errechnet werden.

Die Unbekannte X_1 wird nach der Gleichung als dimensionslose Zahl errechnet. Sie gibt lediglich an, um wieviel der angenommene Wert von +1,0 kg zu vergrößern ist. Das Vorzeichen der Unbekannten besagt nur, ob die erste Annahme der Unbekannten mit „+" 1,0 kg richtig ist oder nicht. Da man die Unbekannte X_1 immer mit „+" 1,0 kg einsetzt, gibt das —Zeichen gleich die Druckkraft im Stab an.

4. Die günstigste Wahl des statisch bestimmten Grundsystems.

Für die Berechnung eines statisch unbestimmten Systems ist es immer erforderlich, durch Herausschneiden der überzähligen Stäbe oder Auflager das Fachwerk in ein statisch bestimmtes Grundsystem zu verwandeln. In vielen Fällen ist es möglich, durch Herausschneiden verschiedener Stäbe obige Forderung zu erfüllen. Nun erscheint es zunächst so, als ob es nicht gleich ist, welchen Stab man herausschneidet, denn jedesmal ergibt es ein anderes Grundsystem und dementsprechend auch andere S_0-Kräfte. Wiederum kann aber auch die endgültige Stabkraft S nicht von der Wahl des statisch bestimmten Grundsystems abhängen. Hierzu ist zu sagen, daß die statisch unbestimmte Größe die

S_0-Kräfte immer so beeinflußt, daß die endgültigen Stabkräfte bei allen möglichen Grundsystemen immer die gleichen sind.

Wird das statisch bestimmte Grundsystem recht ungünstig gewählt, dann werden die S_0-Kräfte durch die statisch Unbestimmte sehr stark beeinflußt und die wirklichen Stabkräfte S setzen sich aus einer Differenz von großen Zahlen zusammen. Dadurch können recht große Ungenauigkeiten auftreten. Es ist also immer ratsam, den Stab als Unbestimmte zu wählen, in dem eine kleine Kraft zu erwarten ist.

An dieser Stelle sei noch erwähnt, daß es nicht immer ein Stab oder ein Auflager sein muß, welcher als statisch Unbestimmte gewählt wird. Es ist in vielen Fällen angebracht, eine Querkraft oder ein Biegemoment als unbestimmte Größe einzuführen.

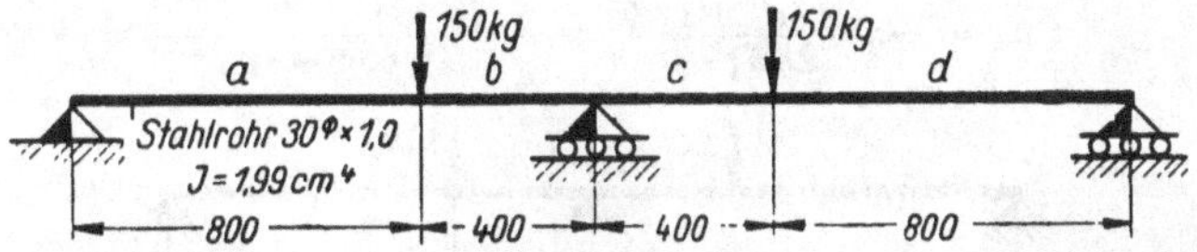

Abb. 50.

Der oben erwähnte Einfluß auf die Genauigkeit der Berechnung bei ungünstig gewähltem statisch bestimmtem Grundsystem soll an Hand des Beispieles nach Abb. 50 gezeigt werden.

Zunächst soll ein ungünstiges Grundsystem gewählt werden. Als statisch Unbestimmte wird das mittlere Auflager angenommen. Dadurch wird das Beispiel ein Träger auf 2 Stützen mit 2 Einzellasten nach Abb. 51.

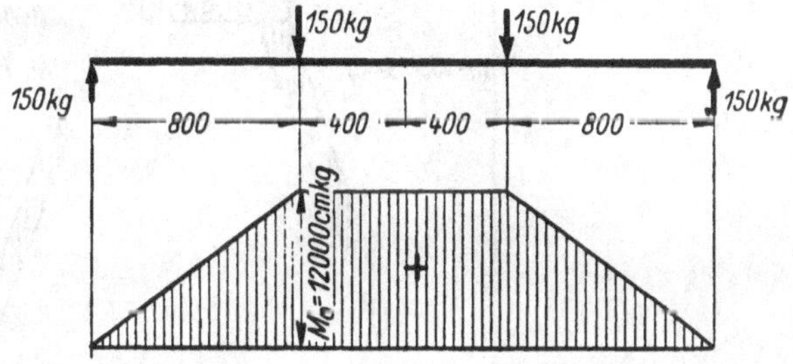

Abb. 51.

Als erstes werden die Biegemomente aus der äußeren Last, die M_0-Momente, aufgestellt

$M_0 = 150 \cdot 80 = 12000$ cmkg

Dann ist die weggelassene Stütze durch die statisch Unbestimmte X_1 zu ersetzen. Damit ergeben sich für $X_1 = +1{,}0$ kg die M_1-Momente (Abb. 52)

$M_1 = 0{,}5 \cdot 120 = 60$ cmkg

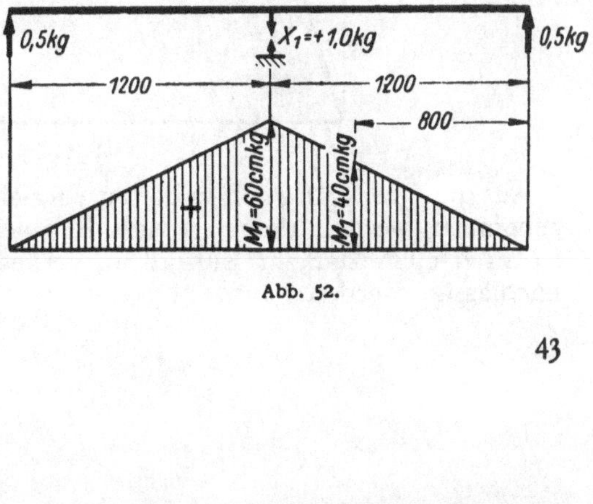

Abb. 52.

Tabelle 10.

Trägerteil	l cm	E kg/cm²	J cm⁴	$\varrho = \frac{l}{E \cdot J}$ 1/cmkg	M_1 cmkg	M_0 cmkg
a	80	2100000	1,99	$1{,}92 \cdot 10^{-5}$	+ 40	+ 1200
b	40	2100000	1,99	$0{,}96 \cdot 10^{-5}$	40 + 60	+ 1200
c	40	2100000	1,99	$0{,}96 \cdot 10^{-5}$	60 + 40	+ 1200
d	80	2100000	1,99	$1{,}92 \cdot 10^{-5}$	40 +	12000 +

$$X_1 = -\frac{\Sigma M_0 \cdot M_1 \cdot \varrho}{\Sigma M_1^2 \cdot \varrho} = -\frac{+1768000 \cdot 10^{-5}}{+6840 \cdot 10^{-5}} = -259$$

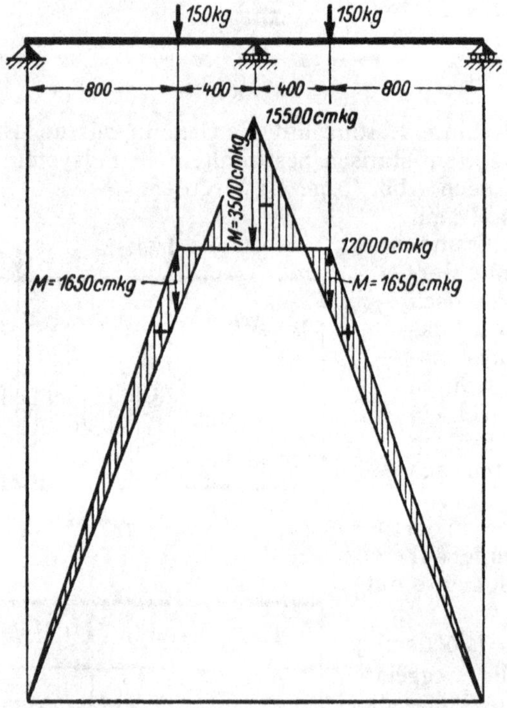

Abb. 53.

Auf die Querkräfte soll in dieser Vergleichsrechnung keine Rücksicht genommen werden, denn aus dem Beispiel nach Abb. 16 und Tabelle 6 ist zu ersehen, daß ihr Einfluß im vorliegenden Fall ohne Fehler vernachlässigt werden kann.

Tabelle 10.

$M_1^2 \cdot \varrho$ cmkg	$M_1 \cdot M_0 \cdot \varrho$ cmkg	$M_1 \cdot X_1$ cmkg	$M = M_0 + M_1 \cdot X_1$ cmkg
$+1020 \cdot 10^{-5}$	$+\ 308000 \cdot 10^{-5}$	− 10350	+ 1650
$+2400 \cdot 10^{-5}$	$+\ 576000 \cdot 10^{-5}$	10350 − 15500	1650 + − 3500
$+2400 \cdot 10^{-5}$	$+\ 576000 \cdot 10^{-5}$	15500 − 10350	3500 − + 1650
$+1020 \cdot 10^{-5}$	$+\ 308000 \cdot 10^{-5}$	10350 −	1650 +
Σ $+6840 \cdot 10^{-5}$	$+1768000 \cdot 10^{-5}$		

In Tabelle 10 ist die statisch Unbestimmte ermittelt und das endgültige Moment M errechnet.

Diese Werte sind in Abb. 53 zusammengestellt. Es sind die beiden Anteile aus M_0 und $M_1 \cdot X_1$ übereinander aufgetragen, so daß die Differenzflächen die endgültigen Momente M darstellen.

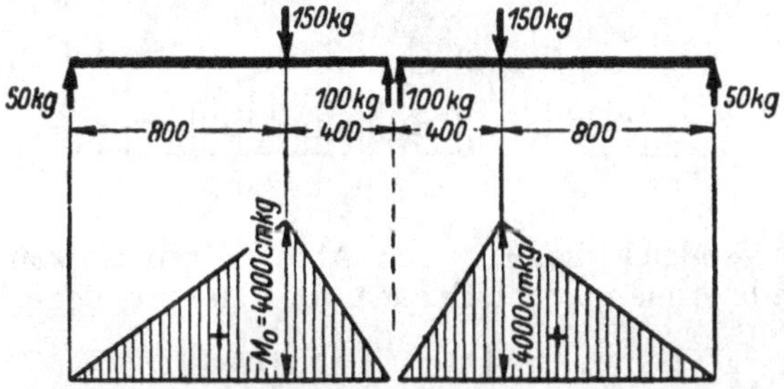

Abb. 54.

Für die zweite Annahme soll der Träger über der Mittelstütze durchgeschnitten werden, so daß das statisch bestimmte Grundsystem aus 2 Trägern auf je 2 Stützen besteht (Abb. 54).

Hierfür sind die M_0-Momente

$$M_0 = \frac{150 \cdot 80 \cdot 40}{120} = 4000 \text{ cmkg}$$

Und das unbestimmte Verkettungsmoment über der Stütze an der Schnittfläche des Trägers wird mit $X_1 = +1{,}0$ cmkg angenommen (Abb. 55).

Der Einfluß aus der Querkraft wird auch hier vernachlässigt.

In Tabelle 11 ist entsprechend Tabelle 10 die statisch Unbestimmte ermittelt und das endgültige Moment M errechnet.

Diese Werte sind entsprechend Abb. 53 in Abb. 56 dargestellt.

Tabelle 11.

Trägerteil	l cm	E kg/cm²	J cm⁴	$\varrho = \frac{l}{E \cdot J}$ 1/cmkg	M_1 cmkg	M_0 cmkg
a	80	2100000	1,99	$1,92 \cdot 10^{-5}$	+ 0,67	+ 4000
b	40	2100000	1,99	$0,96 \cdot 10^{-5}$	0,67 + 1,0	4000 +
c	40	2100000	1,99	$0,96 \cdot 10^{-5}$	1,0 + 0,67	+ 4000
d	80	2100000	1,99	$1,92 \cdot 10^{-5}$	0,67 +	4000 +

$$X_1 = -\frac{\Sigma M_0 \cdot M_1 \cdot \varrho}{\Sigma M_1^2 \cdot \varrho} = -\frac{+6440 \cdot 10^{-5}}{+1,930 \cdot 10^{-5}} = -3340$$

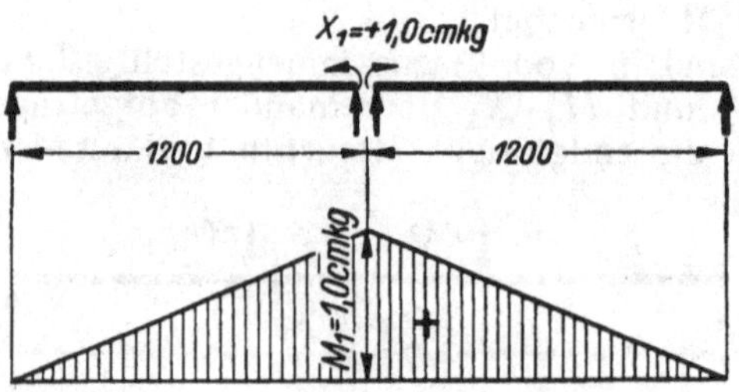

Abb. 55.

Aus dem Vergleich dieser beiden Abbildungen ist klar zu ersehen, daß die zweite Annahme entschieden günstiger ist, denn in der ersten

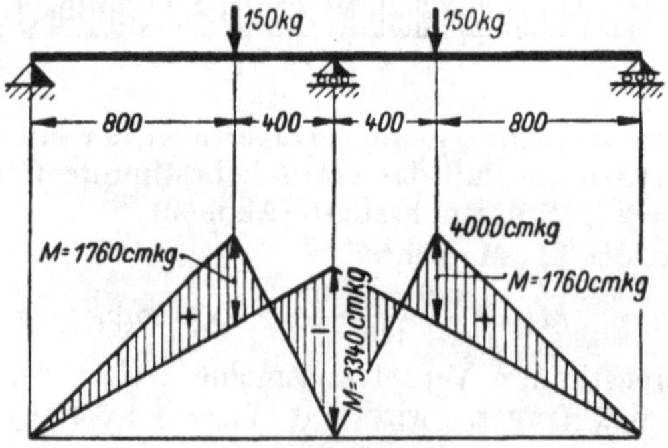

Abb. 56.

Annahme sind die Biegemomente Differenzen von großen Zahlen und daher ungenauer. Ein Beweis, daß die zweite Annahme des statisch bestimmten Grundsystems genauere Werte liefert, läßt sich auch durch

Tabelle 11.

$M_1^2 \cdot \varrho$ cmkg	$M_1 \cdot M_0 \cdot \varrho$ cmkg	$M_1 \cdot X_1$ cmkg	$M = M_0 + M_1 \cdot X_1$ cmkg
$+0{,}288 \cdot 10^{-5}$	$+1720 \cdot 10^{-5}$	− 2240	+ 1760
$+0{,}677 \cdot 10^{-5}$	$+1500 \cdot 10^{-5}$	2240 − 3340	1760 + − 3340
$+0{,}677 \cdot 10^{-5}$	$+1500 \cdot 10^{-5}$	3340 − 2240	3340 − + 1760
$+0{,}288 \cdot 10^{-5}$	$+1720 \cdot 10^{-5}$	2240 −	1760 +
$+1{,}930 \cdot 10^{-5}$	$+6440 \cdot 10^{-5}$		

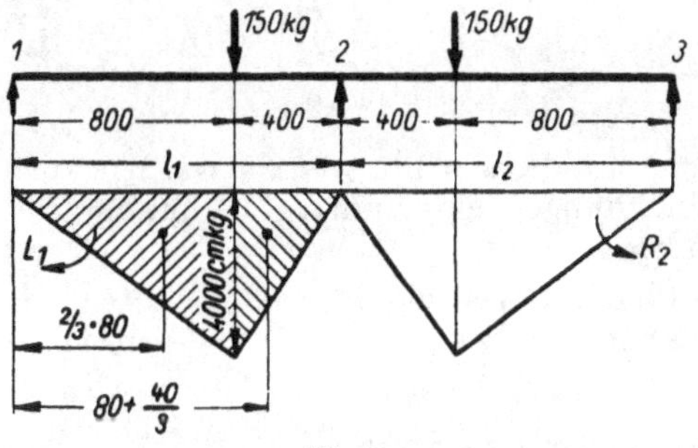

Abb. 57.

die 3-Momentengleichung nach „Clapeyron“ aufstellen. Als Kontrolle soll hier das Stützmoment nach dieser Gleichung gerechnet werden (Abb. 57).

Es ist:

$$M_1 \cdot l_1 + 2\,M_2(l_1 + l_2) + M_3 \cdot l_2 = -\frac{6\,L_1}{l_1} - \frac{6\,R_2}{l_2}$$

Die Ausdrücke L_1 und R_2 sind in diesem Beispiel gleich

$$L_1 = R_2 = \frac{4000 \cdot 80}{2}\,\frac{2}{3} \cdot 80 + \frac{4000 \cdot 40}{2}\left(80 + \frac{40}{3}\right) = 16020000\ \text{cm}^3\text{kg}$$

Setzt man die Stützmomente M_1 und $M_3 = 0$ und für l_1 und $l_2 = 120$ cm, dann wird

$$2 \cdot M_2 \cdot 240 = -\frac{6 \cdot 16020000}{120} - \frac{6 \cdot 16020000}{120}$$

$$M_2 = -\frac{1602000}{480} = -3340\ \text{cmkg}.$$

5. Das zwei- und mehrfach statisch unbestimmte System.

Handelt es sich um Fachwerke, die mehrfach statisch unbestimmt sind, dann sind eben mehrere Unbekannte zu ermitteln und demzufolge benötigt man auch mehrere Gleichungen. Um die Unbestimmten voneinander zu unterscheiden, bezeichnet man sie am zweckmäßigsten mit $X_1 X_2 X_3$ usw. Im folgenden sollen jetzt zunächst die 2 Gleichungen für ein zweifach unbestimmtes System abgeleitet werden. Anschließend wird dann ein fünffach unbestimmtes System besprochen.

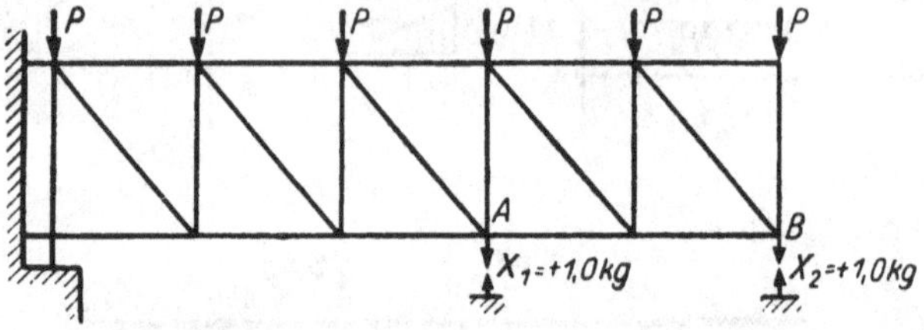

Abb. 58.

Als Ausgangspunkt diene Abb. 58. Es werden auch hier die schon bekannten Bezeichnungen eingeführt. Die Stabkräfte im statisch bestimmten Grundsystem

aus der äußeren Belastung P		$= S_0$-Kräfte	
„ „ statisch Unbestimmten	$X_1 = +1{,}0$ kg	$= S_1$-	„
„ „ „ „	$X_2 = +1{,}0$ „	$= S_2$-	„

und für $\frac{l}{E \cdot F}$ sei wieder $= \varrho$ gesetzt.

Die beiden Auflager in A und B sollen als die beiden statisch Unbestimmten angenommen werden. Dadurch wird das statisch bestimmte Grundsystem ein einseitig eingespanntes Fachwerk. Die Unbestimmten werden zunächst wieder mit $+1{,}0$ kg angenommen. Die wirkliche Größe sei X_1 bzw. X_2.

Die Ableitung der Gleichungen geschieht in ähnlicher Weise wie bei dem einfach unbestimmten System, nur muß hier die Durchbiegungsbetrachtung zweimal angestellt werden. Es soll zunächst die Durchbiegung des Punktes A betrachtet werden.

Die Beziehung $$K \cdot f_1 = \sum S_0 \cdot S_1 \cdot \varrho$$
wird auch hier wieder angewandt.

Es ist nur zu beachten, daß X_2 bei dieser Durchbiegungsbetrachtung mit als äußere Last aufzufassen ist. Damit werden dann die Stabkräfte aus der äußeren Belastung

	aus P	S_0
und	„ X_2.	$S_2 \cdot X_2$

in der Summe also $S_0 + S_2 \cdot X_2$.

Dieser Wert ist in obiger Gleichung für S_0 einzusetzen.

Die Stützkraft X_1, die die gleiche Durchbiegung hervorrufen muß, ist wieder zu bestimmen aus der Beziehung

$$K \cdot \delta_1 = \sum X_1 \cdot S_1 \cdot S_1 \cdot \varrho$$

Setzt man jetzt die beiden Durchbiegungen $f_1 + \delta_1 = 0$, dann ist

$$K \cdot f_1 + K \cdot \delta_1 = 0$$

Setzt man für $K \cdot f_1$ und $K \cdot \delta_1$ die entsprechenden Werte ein, dann wird

$$\sum (S_0 + S_2 \cdot X_2) \cdot S_1 \cdot \varrho + \sum X_1 \cdot S_1^2 \cdot \varrho = 0$$

Dieselbe Gleichung läßt sich jetzt auch für die Durchbiegungsbetrachtung des Punktes B aufstellen.

Es ist
$$K \cdot f_2 = \sum S_0 \cdot S_2 \cdot \varrho$$

X_1 ist bei dieser Betrachtung mit als äußere Last anzusehen. Somit ist die Stabkraft aus der äußeren Last

$$S_0 + S_1 \cdot X_1.$$

Daraus läßt sich die Durchbiegung des Punktes B errechnen. Die Durchbiegung aus der Stützkraft X_2 wird bestimmt aus der Beziehung

$$K \cdot \delta_2 = \sum X_2 \cdot S_2 \cdot S_2 \cdot \varrho$$

Setzt man wieder die beiden Durchbiegungen $f_2 + \delta_2 = 0$, dann wird wieder

$$K \cdot f_2 + K \cdot \delta_2 = 0$$

und damit
$$\sum (S_0 + S_1 \cdot X_1) S_2 \cdot \varrho + \sum X_2 \cdot S_2^2 \cdot \varrho = 0$$

Somit ist auch die 2. Gleichung vorhanden.

Stellt man diese beiden Gleichungen zusammen und löst gleichzeitig die Klammer auf, dann ist

$$\sum S_0 \cdot S_1 \cdot \varrho + \sum S_2 \cdot X_2 \cdot S_1 \cdot \varrho + \sum X_1 \cdot S_1^2 \cdot \varrho = 0$$
$$\sum S_0 \cdot S_2 \cdot \varrho + \sum S_1 \cdot X_1 \cdot S_2 \cdot \varrho + \sum X_2 \cdot S_2^2 \cdot \varrho = 0$$

Durch Umstellen der einzelnen Glieder erhält man dann die endgültige Form der Gleichungen

$$\sum S_1^2 \cdot \varrho \cdot X_1 + \sum S_1 \cdot S_2 \cdot \varrho \cdot X_2 + \sum S_1 \cdot S_0 \cdot \varrho = 0$$
$$\sum S_2 \cdot S_1 \cdot \varrho \cdot X_1 + \sum S_2^2 \cdot \varrho \cdot X_2 + \sum S_2 \cdot S_0 \cdot \varrho = 0$$

Hieraus lassen sich jetzt die beiden unbekannten Größen X_1 und X_2 errechnen. Die wirklichen Stabkräfte S setzen sich dann entsprechend der Gleichung für eine Unbestimmte wie folgt zusammen

$$S = S_0 + S_1 \cdot X_1 + S_2 \cdot X_2.$$

An Hand dieser Gleichungen soll noch eine Kontrollmöglichkeit erklärt werden, die im Anschluß an das Beispiel für ein dreifach unbestimmtes System, im folgenden Abschnitt, angewandt wird.

Werden aus den Gleichungen die Ausdrücke $S_1 \cdot \varrho$ bzw. $S_2 \cdot \varrho$ ausgeklammert, dann erhält man

$$\sum S_1 \cdot \varrho \cdot (S_1 \cdot X_1 + S_2 \cdot X_2 + S_0) = 0$$
$$\sum S_2 \cdot \varrho \cdot (S_1 \cdot X_1 + S_2 \cdot X_2 + S_0) = 0$$

Der Klammerausdruck stellt die S-Kräfte dar, so daß die beiden Gleichungen übergehen in

$$\sum S_1 \cdot S \cdot \varrho = 0$$
$$\sum S_2 \cdot S \cdot \varrho = 0$$

Durch Addition dieser beiden Gleichungen erhält man

$$\sum S_1 \cdot S \cdot \varrho + \sum S_2 \cdot S \cdot \varrho = 0$$

oder

$$\sum (S_1 + S_2) \cdot S \cdot \varrho = 0.$$

Mit verhältnismäßig wenig Mühe lassen sich die Zahlenwerte dieser Gleichung errechnen, und man hat dadurch eine Kontrolle für eine recht umfangreiche Zahlenrechnung. Die für das zweifach unbestimmte System aufgestellten Gleichungen lassen sich systematisch für mehrere Unbestimmte erweitern. Als Beispiel sind hier die 5 Gleichungen für 5 Unbekannte aufgestellt.

$$\sum S_1^2 \cdot \varrho X_1 + \sum S_1 \cdot S_2 \cdot \varrho X_2 + \sum S_1 \cdot S_3 \cdot \varrho X_3 + \sum S_1 \cdot S_4 \cdot \varrho X_4 + \sum S_1 \cdot S_5 \cdot \varrho X_5 + \sum S_1 \cdot S_0 \cdot \varrho = 0$$
$$\sum S_2 \cdot S_1 \cdot \varrho X_1 + \sum S_2^2 \cdot \varrho X_2 + \sum S_2 \cdot S_3 \cdot \varrho X_3 + \sum S_2 \cdot S_4 \cdot \varrho X_4 + \sum S_2 \cdot S_5 \cdot \varrho X_5 + \sum S_2 \cdot S_0 \cdot \varrho = 0$$
$$\sum S_3 \cdot S_1 \cdot \varrho X_1 + \sum S_3 \cdot S_2 \cdot \varrho X_2 + \sum S_3^2 \cdot \varrho X_3 + \sum S_3 \cdot S_4 \cdot \varrho X_4 + \sum S_3 \cdot S_5 \cdot \varrho X_5 + \sum S_3 \cdot S_0 \cdot \varrho = 0$$
$$\sum S_4 \cdot S_1 \cdot \varrho X_1 + \sum S_4 \cdot S_2 \cdot \varrho X_2 + \sum S_4 \cdot S_3 \cdot \varrho X_3 + \sum S_4^2 \cdot \varrho X_4 + \sum S_4 \cdot S_5 \cdot \varrho X_5 + \sum S_4 \cdot S_0 \cdot \varrho = 0$$
$$\sum S_5 \cdot S_1 \cdot \varrho X_1 + \sum S_5 \cdot S_2 \cdot \varrho X_2 + \sum S_5 \cdot S_3 \cdot \varrho X_3 + \sum S_5 \cdot S_4 \cdot \varrho X_4 + \sum S_5^2 \cdot \varrho X_5 + \sum S_5 \cdot S_0 \cdot \varrho = 0$$

Aus dieser Aufstellung ist der systematische Aufbau noch deutlicher zu erkennen. Die Glieder mit S_1^2, S_2^2, S_3^2, S_4^2 und S_5^2 bilden gewissermaßen eine Symmetriediagonale, so daß die Glieder unter der angedeuteten Treppenlinie auch schon über der Linie vorhanden sind. Ebenfalls läßt sich die Kontrollgleichung entsprechend herleiten. In diesem Fall würde sie lauten

$$\sum (S_1 + S_2 + S_3 + S_4 + S_5) \cdot S \cdot \varrho = 0$$

Die Anwendung dieser Gleichungen soll im folgenden Abschnitt an Hand eines Beispieles für ein dreifach unbestimmtes System erklärt werden.

6. Zahlenbeispiel für ein dreifach statisch unbestimmtes System.

Das in Abb. 59 dargestellte Fachwerk ist durch das überzählige Auflager, durch die Abfangstrebe und durch die Doppeldiagonale dreifach statisch unbestimmt. Zunächst wird durch das Herausschneiden der unbestimmten Stäbe und Auflager das statisch bestimmte Grundsystem festgelegt und die Stabkräfte aus den äußeren Lasten, die S_0-Kräfte, ermittelt (Abb. 60).

Dann werden die herausgeschnittenen Stäbe und Auflager der Reihe nach durch die statisch Unbestimmten X_1, X_2 und X_3 ersetzt. Diese Unbestimmten werden zunächst mit +1,0 kg angenommen, und für diese Belastungszustände werden ebenfalls die Stabkräfte ermittelt.

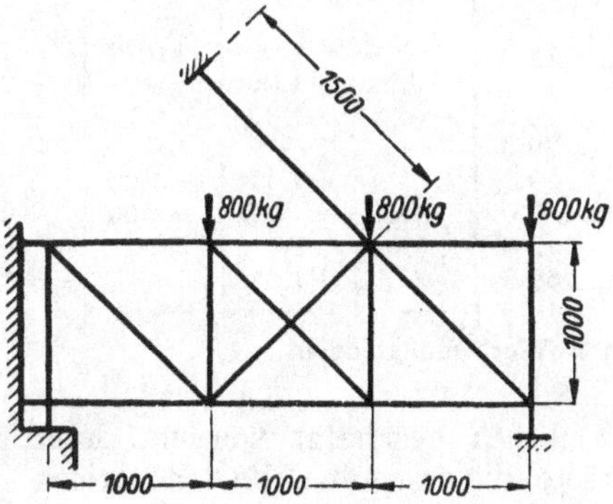

Abb. 59.

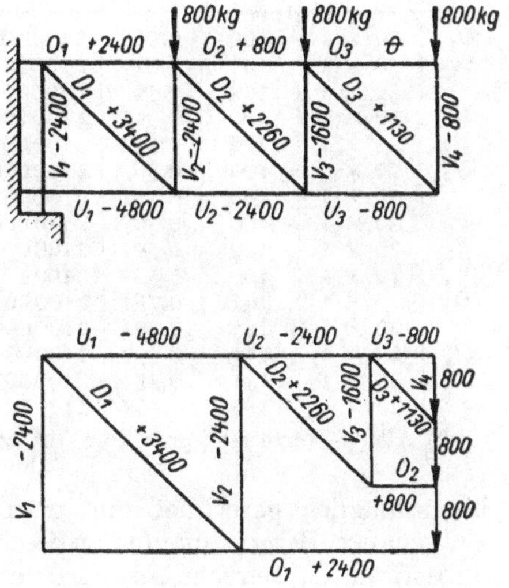

Abb. 60.

Der Belastungszustand

$X_1 = +1,0$ kg ergibt die S_1-Kräfte (Abb. 61)
$X_2 = +1,0$ „ „ „ S_2- „ („ 62)
$X_3 = +1,0$ „ „ „ S_3- „ („ 63)

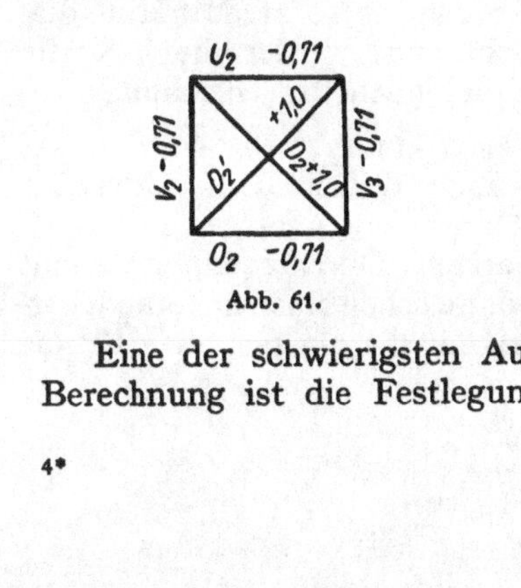

Abb. 61.

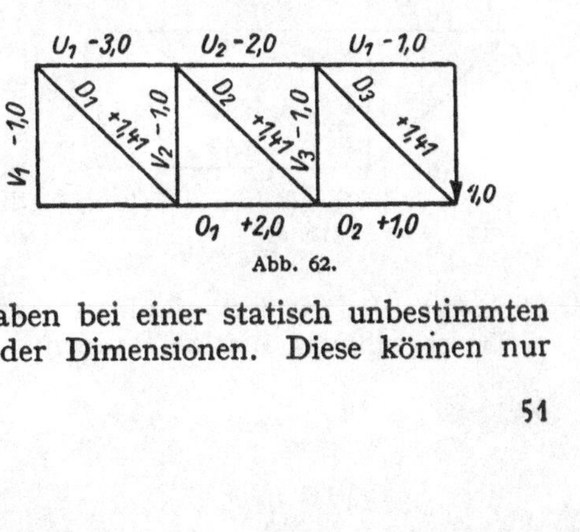

Abb. 62.

Eine der schwierigsten Aufgaben bei einer statisch unbestimmten Berechnung ist die Festlegung der Dimensionen. Diese können nur

Tabelle 12.

Stab	Rohr	l cm	F cm²	E kg/cm²	ϱ*) cm/kg	S_1 kg	S_2 kg	S_3 kg	S_0 kg
O_1	30 × 1	100	0,911	2100000	52,3	—	+2,00	−1,41	+2400
O_2	30 × 1	100	0,911	2100000	52,3	−0,71	+1,00	−0,71	+ 800
O_3	20 × 1	100	0,597	2100000	79,8	—	—	—	—
U_1	30 × 1	100	0,911	2100000	52,3	—	−3,00	+1,41	−4800
U_2	25 × 1	100	0,754	2100000	63,2	−0,71	−2,00	+0,71	−2400
U_3	20 × 1	100	0,597	2100000	79,8	—	−1,00	—	− 800
V_1	20 × 1	100	0,597	2100000	79,8	—	−1,00	+0,71	−2400
V_2	20 × 1	100	0,597	2100000	79,8	−0,71	−1,00	+0,71	−2400
V_3	20 × 1	100	0,597	2100000	79,8	−0,71	−1,00	+0,71	−1600
V_4	20 × 1	100	0,597	2100000	79,8	—	—	—	− 800
D_1	25 × 1	141	0,754	2100000	89,3	—	+1,41	−1,00	+3400
D_2	20 × 1	141	0,597	2100000	113,0	+1,00	+1,41	−1,00	+2260
D_2'	20 × 1	141	0,597	2100000	113,0	+1,00	—	—	—
D_3	25 × 1	141	0,754	2100000	89,3	—	+1,41	—	+1130
a	20 × 1	150	0,597	2100000	119,5	—	—	+1,00	—

*) Alle ϱ-Werte sind mit dem 10^6fachen Wert eingetragen.

überschläglich gerechnet und zum Teil nur geschätzt werden, denn zur genauen Berechnung fehlen die Kräfte, die erst mit Hilfe der statisch unbestimmten Berechnung, also mit Hilfe der Dimensionen, ermittelt werden können. Man kann also die angenommenen oder überschläglich ermittelten Dimensionen erst nach Durchführung der statisch unbestimmten Berechnung genau prüfen. Treten große Abweichungen auf, dann sind die Dimensionen an Hand der errechneten S-Kräfte neu zu bestimmen, und der ganze Vorgang ist noch einmal zu wiederholen. Bei größeren undurchsichtigen Systemen schlägt man für die Festlegung der Dimensionen am besten folgenden Weg ein. Es werden die unbestimmten Größen geschätzt. Mit Hilfe dieser Schätzung werden die S-Kräfte errechnet nach der Gleichung

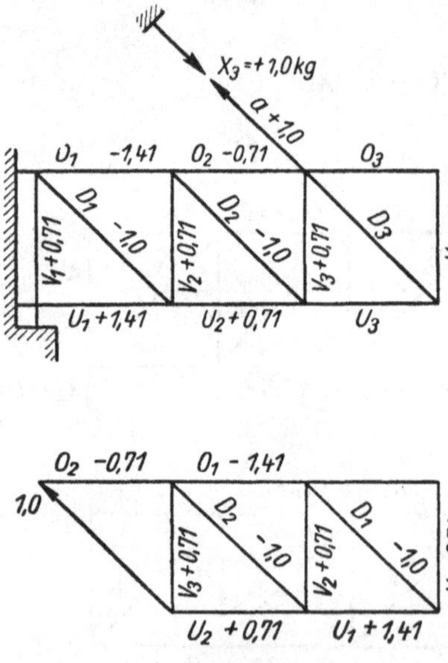

Abb. 63.

$$S = S_0 + S_1 \cdot X_1 + S_2 \cdot X_2 + S_3 \cdot X_3$$

und nach diesen Kräften werden die Dimensionen festgelegt. Nach der ersten Durchrechnung erhält man dann schon einen näheren Überblick über den Kräfteverlauf und kann damit die Querschnitte für die 2. Durchrechnung neu bestimmen.

Tabelle 12.

$S_1^2 \cdot \varrho$ cmkg	$S_1 \cdot S_2 \cdot \varrho$ cmkg	$S_1 \cdot S_3 \cdot \varrho$ cmkg	$S_1 \cdot S_0 \cdot \varrho$ cmkg	$S_2^2 \cdot \varrho$ cmkg	$S_2 \cdot S_3 \cdot \varrho$ cmkg	$S_2 \cdot S_0 \cdot \varrho$ cmkg	$S_3^2 \cdot \varrho$ cmkg	$S_3 \cdot S_0 \cdot \varrho$ cmkg
—	—	—	—	+ 209,2	− 147,5	+ 251040	+ 103,9	− 176982
+ 26,4	− 37,1	+ 26,3	− 29706	+ 52,3	− 37,1	+ 41840	+ 26,3	− 29706
—	—	—	—	—	—	—	—	—
—	—	—	—	+ 470,7	− 221,2	+ 753120	+ 103,9	− 353966
+ 31,8	+ 89,8	− 31,8	+ 107692	+ 252,8	− 89,7	+ 303360	+ 31,8	− 107692
—	—	—	—	+ 79,8	—	+ 63840	—	—
—	—	—	—	+ 79,8	− 56,7	+ 191520	+ 40,2	− 135978
+ 40,2	+ 56,6	− 40,2	+ 135978	+ 79,8	− 56,7	+ 191520	+ 40,2	− 135978
+ 40,2	+ 56,6	− 40,2	+ 90652	+ 79,8	− 56,7	+ 127680	+ 40,2	− 90652
—	—	—	—	—	—	—	—	—
—	—	—	—	+ 177,5	− 125,9	+ 428104	+ 89,3	− 303620
+ 113,0	+ 159,3	− 113,0	+ 255380	+ 224,6	− 159,3	+ 360084	+ 113,0	− 255380
+ 113,0	—	—	—	—	—	—	—	—
—	—	—	—	+ 177,5	—	+ 142282	—	—
—	—	—	—	—	—	—	+ 119,5	—
$\sum$ + 364,6	+ 325,2	− 198,9	+ 559996	+ 1883,9	− 950,8	+ 2854390	+ 708,6	− 1589954

Für das vorliegende Beispiel sind die Abmessungen der Stahlrohre absichtlich sehr roh geschätzt, damit der Weg für die 2. Durchrechnung besser gezeigt werden kann.

Die angenommenen Abmessungen sind in Tabelle 12 eingetragen und die ϱ-Werte ermittelt. Gleichzeitig sind hier auch die S_1-, S_2-, S_3- und S_0-Kräfte aufgeführt und die Summen-Werte $\sum S_1^2 \cdot \varrho$, $\sum S_1 \cdot S_2 \cdot \varrho$ usw. errechnet. Zu bemerken ist hier, daß der ϱ-Wert und damit alle Glieder, in denen ϱ vorkommt, um den 10^6fachen Betrag erhöht sind. Diese Maßnahme wird nur aus Gründen der Übersichtlichkeit und zur Vermeidung von Fehlerquellen eingeführt, denn mit zwei- und mehrstelligen Zahlen ist angenehmer zu rechnen als mit Zahlen, die erst in der 3. und 4. Stelle hinter dem Komma beginnen. Daß man durch diese Erhöhung von ϱ keinen Fehler macht, ist ohne weiteres aus der Aufstellung der Gleichungen des vorigen Abschnittes zu ersehen (ϱ kommt in jedem Glied vor).

Mit den in Tabelle 12 ermittelten Werten lassen sich jetzt nach folgenden Gleichungen die 3 unbekannten Größen ermitteln.

$$\sum S_1^2 \cdot \quad \varrho X_1 + \sum S_1 \cdot S_2\, \varrho X_2 + \sum S_1 \cdot S_3 \cdot \varrho X_3 + \sum S_1 \cdot S_0 \cdot \varrho = 0$$
$$\sum S_2 \cdot S_1 \cdot \varrho X_1 + \sum S_2^2 \cdot \quad \varrho X_2 + \sum S_2 \cdot S_3 \cdot \varrho X_3 + \sum S_2 \cdot S_0 \cdot \varrho = 0$$
$$\sum S_3 \cdot S_1 \cdot \varrho X_1 + \sum S_3 \cdot S_2 \cdot \varrho X_2 + \sum S_3^2 \cdot \quad \varrho X_3 + \sum S_3 \cdot S_0 \cdot \varrho = 0$$

Zu bemerken ist hier, daß die Glieder unterhalb der Treppenlinie in der Tabelle 12 nicht besonders errechnet sind, sondern über der Treppenlinie schon einmal auftreten.

Auflösen der Gleichungen

$$
\begin{array}{lrrrrl}
① & +364{,}6\,X_1 & +\ 325{,}2\,X_2 & -\ 198{,}9\,X_3 & +\ 559996 & = 0 \\
② & +325{,}2\,X_1 & +1883{,}9\,X_2 & -\ 950{,}8\,X_3 & +2854390 & = 0 \\
③ & -198{,}9\,X_1 & -\ 950{,}8\,X_2 & +\ 708{,}6\,X_3 & -1589954 & = 0 \\
\hline
④ & -364{,}6\,X_1 & -2112{,}2\,X_2 & +1066{,}0\,X_3 & -3200342 & = 0 \quad -1{,}1212\cdot \text{Gl. } ② \\
⑤ & - & -1787{,}0\,X_2 & +\ 867{,}1\,X_3 & -2640346 & = 0 \quad \text{Gl. } ① + \text{Gl. } ④ \\
⑥ & -325{,}2\,X_1 & -1554{,}3\,X_2 & +1158{,}4\,X_3 & -2599098 & = 0 \quad 1{,}6347\cdot \text{Gl. } ③ \\
⑦ & - & +\ 329{,}6\,X_2 & +\ 207{,}6\,X_3 & +\ 255292 & = 0 \quad \text{Gl. } ② + \text{Gl. } ⑥ \\
\hline
⑧ & - & +1787{,}0\,X_2 & +1125{,}3\,X_3 & +1383920 & = 0 \quad 5{,}4209\cdot \text{Gl. } ⑦ \\
⑨ & & - & +1992{,}4\,X_3 & -1256426 & = 0 \quad \text{Gl. } ⑧ + \text{Gl. } ⑤
\end{array}
$$

aus Gl. ⑨ $X_3 = +\ 630{,}6$

„ „ ⑦ $X_2 = -1171{,}5$

„ „ ① $X_1 = -\ 146{,}7$

Mit den errechneten X-Werten können jetzt in Tabelle 13 die endgültigen Stabkräfte nach der Gleichung

$$S = S_0 + S_1 \cdot X_1 + S_2 \cdot X_2 + S_3 \cdot X_3$$

ermittelt werden.

In Spalte 10 und 12 der Tabelle wird die im vorigen Abschnitt erwähnte Kontrollrechnung durchgeführt. Die Summe der Spalte 12 ist nahezu 0, und damit ist der Beweis erbracht, daß die Berechnung fehlerfrei ist. In der Praxis läßt man hier eine Abweichung bis zu 3%, bezogen auf den größten Wert der Spalte 12, zu. Im vorliegenden Beispiel wäre das eine Differenz von $0{,}03 \cdot 65475 = 1960$.

In Tabelle 14 wird jetzt mit den errechneten S-Kräften der Spannungsnachweis erbracht, um festzustellen, ob die anfangs geschätzten Rohre den auftretenden Beanspruchungen genügen.

Die im Flugzeugbau geforderte Sicherheit gegen Bruch beträgt $j = 1{,}8$.

Auf diese Sicherheit müssen alle Stäbe abgestimmt sein, denn man will ja nach Möglichkeit ein Fachwerk gleicher Festigkeit erreichen. Es werden darum alle Stäbe, die zu stark, d. h. auch zu schwer sind, geschwächt und die Stäbe mit Untersicherheit entsprechend verstärkt. Damit ergeben sich neue Dimensionen, die für die 2. Durchrechnung die Grundlage bilden.

Vorgeschlagen werden hierfür folgende Abmessungen:

O_1, O_2, O_3	. . . . . . 28 × 1	V_3	. . . . . . 20 × 0,5
U_1, U_2, U_3	. . . . . . 20 × 1	V_4	. . . . . . 28 × 1
V_1	. . . . . . 28 × 1	D_1	. . . . . . 22 × 0,5
V_2	. . . . . . 25 × 1	D_2	. . . . . . 20 × 1
		D_2'	. . . . . . 20 × 1
		D_3	. . . . . . 30 × 1
		a	. . . . . . 18 × 0,5

1	2	3	4	5	6	7	8	9	Kontrolle 10	11	12
Stab	S_1 kg	S_2 kg	S_3 kg	S_0 kg	$S_1 \cdot X_1$ $X_1 = -146,7$ kg	$S_2 \cdot X_2$ $X_2 = -1171,5$ kg	$S_3 \cdot X_3$ $X_3 = +630,6$ kg	$S = S_0 + S_1 \cdot X_1 + S_2 \cdot X_2 + S_3 \cdot X_3$ kg	ϱ 10^6 fache Werte	$S_i = S_1 + S_2 + S_3$ kg	$S_i S \cdot \varrho$ cmkg
O_1	—	+2,00	−1,41	+2400	—	−2340	−890	− 830	52,3	+0,59	−25611
O_2	−0,71	+1,00	−0,71	+ 800	+104	−1171	−448	− 715	52,3	−0,42	+15705
O_3	—	—	—	—	—	—	—	—	79,8	—	—
U_1	—	−3,00	+1,41	−4800	—	+3520	+890	− 390	52,3	−1,59	+32431
U_2	−0,71	−2,00	+0,71	−2400	+104	+2340	+448	+ 492	63,2	−2,00	−62188
U_3	—	−1,00	—	− 800	—	+1171	—	+ 371	79,8	−1,00	−29605
V_1	—	−1,00	+0,71	−2400	—	+1171	+448	− 781	79,8	−0,29	+18073
V_2	−0,71	−1,00	+0,71	−2400	+104	+1171	+448	− 677	79,8	−1,00	+54024
V_3	−0,71	−1,00	+0,71	−1600	+104	+1171	+448	+ 123	79,8	−1,00	− 9815
V_4	—	—	—	− 800	—	—	—	− 800	79,8	—	—
D_1	—	+1,41	−1,00	+3400	—	−1650	−631	+1119	89,3	+0,41	+40969
D_2	+1,00	+1,41	−1,00	+2260	−147	−1650	−631	− 168	113,0	+1,41	−26767
D_2'	+1,00	—	—	—	−147	—	—	− 147	113,0	+1,00	−16611
D_3	—	+1,41	—	+1130	—	−1650	—	− 520	89,3	+1,41	−65475
a	—	—	+1,00	—	—	—	+631	+ 631	119,5	+1,00	+ 7540
											$\sum$ + 534

Tabelle 14.

Stab	Rohr	F cm²	S kg	$\sigma = \frac{S}{F}$ kg/cm²	i cm	l cm	$\lambda = \frac{l}{i}$	σ_K kg/cm²	σ_{Br} kg/cm²	Sicherheit $j = \frac{\sigma_K}{\sigma}; \frac{\sigma_{Br}}{\sigma}$
O_1	30 × 1	0,911	− 830	− 910	1,026	100	97,5	2000		2,2
O_2	30 × 1	0,911	− 715	− 785	1,026	100	97,5	2000		2,6
O_3	20 × 1	0,597	—	—						
U_1	30 × 1	0,911	− 390	− 428	1,026	100	97,5	2000		4,7
U_2	25 × 1	0,754	+ 492	+ 652					6000	9,2
U_3	20 × 1	0,597	+ 371	+ 622					6000	9,6
V_1	20 × 1	0,597	− 781	−1310	0,672	100	149	900		0,69
V_2	20 × 1	0,597	− 677	−1140	0,672	100	149	900		0,79
V_3	20 × 1	0,597	+ 123	+ 206					6000	29,0
V_4	20 × 1	0,597	− 800	−1340	0,672	100	149	900		0,67
D_1	25 × 1	0,754	+1119	+1485					6000	4,0
D_2	20 × 1	0,597	− 168	− 282	0,672	141	211	500		1,8
D_2'	20 × 1	0,597	− 147	− 247	0,672	141	211	500		2,0
D_3	25 × 1	0,754	− 520	− 690	0,850	141	166	800		1,1
a	20 × 1	0,597	+ 631	+1055					6000	5,7

Nach der 2. Durchrechnung wird wieder der Spannungsnachweis erbracht und festgestellt, ob die zugrunde gelegten Dimensionen ausreichen. Sollten dabei wieder noch 1 oder 2 Stäbe sein, die nicht halten, so würde man keinen großen Fehler begehen, wenn man die beiden Querschnitte ändert, ohne noch eine 3. Durchrechnung zu machen, denn viel können die Dimensionen nicht mehr abweichen und daher kann der Einfluß auf die statisch unbestimmte Rechnung auch nicht mehr groß sein.

7. Die statisch unbestimmte Berechnung mit verschiedenen Grundsystemen.

Bisher ist gesagt worden, daß zur Berechnung eines statisch unbestimmten Systems zunächst die überzähligen Stäbe bzw. Auflager herausgeschnitten werden. Dadurch erhält man das statisch bestimmte Grundsystem. Für dieses System werden die Stabkräfte aus der äußeren Last, die S_0-Kräfte, ermittelt. Dann werden die herausgeschnittenen Stäbe durch die Unbestimmten X_1, X_2 usw. ersetzt und für die Größe $X_1 = +1{,}0$ kg bzw. $X_2 = +1{,}0$ kg die S_1- bzw. S_2-Kräfte ermittelt. Dabei liegt für alle Ermittlungen das gleiche statisch bestimmte Grundsystem vor.

Im folgenden soll jetzt der Beweis erbracht werden, daß das statisch bestimmte Grundsystem für alle Ermittlungen nicht das gleiche sein braucht. Es können die S_0-Kräfte, die S_1-Kräfte, die S_2-Kräfte usw. alle für ein anderes Grundsystem ermittelt werden.

Für die Durchführung dieses Beweises soll das Beispiel nach Abb. 48 zugrunde gelegt werden.

Für die S_0-Kräfte soll das gleiche System wie im oben angeführten Beispiel genommen werden, d. h. die S_0-Kräfte ändern sich nicht.

Das Grundsystem für die S_1-Kraft sei nach Abb. 64 gewählt und der Stab U_1 soll als statisch Unbestimmte angenommen werden. Aus der Belastung $U_1 = X_1 = +1{,}0$ kg ergeben sich jetzt andere S_1-Kräfte als im obengenannten Beispiel aus der Belastung durch die Auflagerkraft $X_1 = +1{,}0$ kg. Es werden die S_1-Kräfte jetzt nur halb so groß und erhalten das entgegengesetzte Vorzeichen, denn U_1 wird statt —2,0 kg jetzt +1,0 kg, und im gleichen Verhältnis müssen sich alle anderen Stäbe auch ändern. Würde man jetzt mit den neuen S_1-Kräften die statisch Unbestimmte ermitteln und die S-Kräfte berechnen, dann erhielte man eine ähnliche Aufstellung wie Tabelle 8, die nach der Voraussetzung die gleichen S-Kräfte ergeben soll.

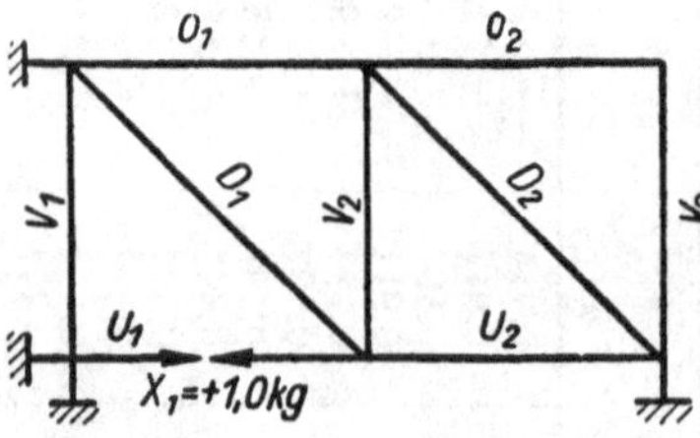

Abb. 64.

Eine neue Ermittlung würde von der Tabelle 8 in folgenden Punkten abweichen:

Spalte 1: Die ϱ-Werte bleiben unverändert.

Spalte 2: Die S_1-Kräfte sind halb so groß mit entgegengesetztem Vorzeichen.

Spalte 3: Die S_0-Kräfte bleiben unverändert.

Spalte 4: Die Werte $S_1 \cdot S_0 \cdot \varrho$ und ebenfalls die Summe dieser Spalte wird nur halb so groß mit entgegengesetztem Vorzeichen.

Spalte 5: Die Werte $S_1^2 \cdot \varrho$ und ebenfalls die Summe dieser Spalte wird $-\frac{1}{2} \cdot -\frac{1}{2} = +\frac{1}{4}$ mal so groß (gleiches Vorzeichen).

Damit wird jetzt der X-Wert doppelt so groß mit entgegengesetztem Vorzeichen

$$X = \frac{-\frac{1}{2} \cdot 1{,}1535}{+\frac{1}{4} \cdot 0{,}001393} = +2{,}0 \cdot 830$$

Spalte 6: Die Werte $S_1 \cdot X_1$ bleiben unverändert, denn S_1 ist $\frac{1}{2}$ mal so groß mit entgegengesetztem Vorzeichen und X_1 ist doppelt so groß mit entgegengesetztem Vorzeichen.

Spalte 7: Da Spalte 3 und Spalte 6 unverändert bleiben, ändern sich die S-Kräfte in Spalte 7 auch nicht.

Somit ist der Beweis erbracht, daß die statisch bestimmten Grundsysteme verschieden sein dürfen.

Hierin liegt jetzt der große Vorteil, daß die Rechenarbeit bei einigen Systemen, wie sie im Flugzeugbau immer wiederkehren, um ein erhebliches Maß geringer wird. Entsprechend verringern sich auch die Fehlerquellen, und außerdem wird die Übersichtlichkeit besser.

Diese Vorteile sollen an Hand des folgenden Beispiels erläutert werden.

Das in Abb. 65 dargestellte Fachwerk stellt den tragenden Teil eines zweiholmigen Flügels dar, der an eine senkrechte Wand eingespannt

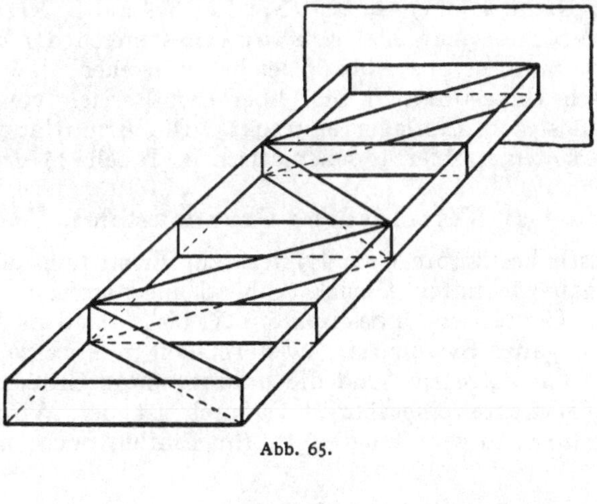

Abb. 65.

ist. Statt der Beplankung sind hier für die Torsionsübertragung Diagonalstäbe angenommen. Da durch die Rippen eine Querkraftübertragung von einem Holm zum anderen stattfinden kann, ist das Fachwerk vierfach statisch unbestimmt. Dieses Beispiel soll jetzt für beide Rechnungsmethoden durchgesprochen werden.

A) Gleiche Grundsysteme.

Als statisch bestimmtes Grundsystem sei Abb. 66 zugrunde gelegt. Der Hinterholm ist vom System vollkommen getrennt. Als Unbestimmte werden die Verkettungskräfte zwischen Hinterholm und Rippen an-

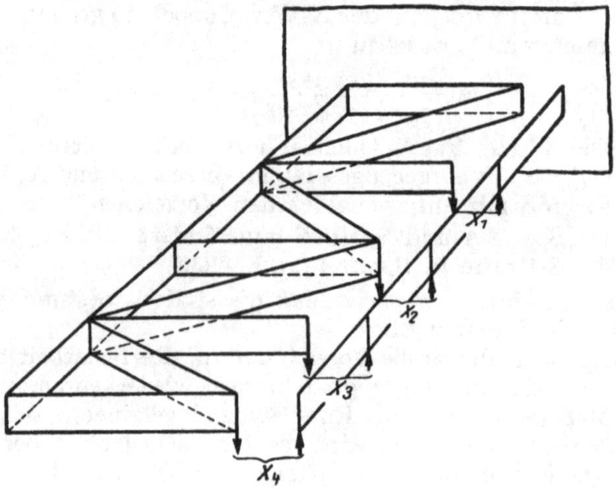

Abb. 66.

genommen. Damit können die S_0-, S_1-, S_2-, S_3- und S_4-Kräfte ermittelt werden. Betrachtet man hier den Wirkungsbereich der statisch Unbestimmten, dann ist aus Abb. 66 leicht zu ersehen, daß der Einfluß einer statisch Unbestimmten sich über den Bereich von ihrem Angriffspunkt bis zum Auflager erstreckt. Die Ermittlung der Formänderungsarbeiten ist hierfür schematisch in Tabelle 15 dargestellt.

B. Verschiedene Grundsysteme.

Das statisch bestimmte Grundsystem zur Ermittlung der S_0-Kräfte sei hier genau wie unter A nach Abb. 66 angenommen. Die Grundsysteme für die statisch Unbestimmten X_1 bis X_4 sind in Abb. 67 dargestellt. Das ganze System ist gewissermaßen in einzelne statisch bestimmte Kästen aufgeteilt, und die unbestimmten Größen werden als Verkettungsmomente eingeführt. Dadurch ist der Wirkungsbereich einer Unbestimmten sehr eingeengt. Ihr Einfluß reicht nur über die

Tabelle 15.

Kasten	ϱ	S_1	S_2	S_3	S_4	S_6	$S_1^2 \cdot \varrho$	$S_1 \cdot S_2 \cdot \varrho$	$S_1 \cdot S_3 \cdot \varrho$	$S_1 \cdot S_4 \cdot \varrho$	$S_1 \cdot S_6 \cdot \varrho$	$S_2^2 \cdot \varrho$	$S_2 \cdot S_3 \cdot \varrho$	$S_2 \cdot S_4 \cdot \varrho$	$S_2 \cdot S_6 \cdot \varrho$	$S_3^2 \cdot \varrho$	$S_3 \cdot S_4 \cdot \varrho$	$S_3 \cdot S_6 \cdot \varrho$	$S_4^2 \cdot \varrho$	$S_4 \cdot S_6 \cdot \varrho$
a *S*	×	×	×	×	×	×	×	×	×	×	×	×	×	×	×	×	×	×	×	×
M	×	×	×	×	×	×	×	×	×	×	×	×	×	×	×	×	×	×	×	×
Q	×	×	×	×	×	×	×	×	×	×	×	×	×	×	×	×	×	×	×	×
b *S*	×		×	×	×	×						×	×	×	×	×	×	×	×	×
M	×		×	×	×	×						×	×	×	×	×	×	×	×	×
Q	×		×	×	×	×						×	×	×	×	×	×	×	×	×
c *S*	×			×	×	×										×	×	×	×	×
M	×			×	×	×										×	×	×	×	×
Q	×			×	×	×										×	×	×	×	×
d *S*	×				×	×													×	×
M	×				×	×													×	×
Q	×				×	×													×	×

Tabelle 16.

Kasten	ϱ	S_1	S_2	S_3	S_4	S_6	$S_1^2 \cdot \varrho$	$S_1 \cdot S_2 \cdot \varrho$	$S_1 \cdot S_3 \cdot \varrho$	$S_1 \cdot S_4 \cdot \varrho$	$S_1 \cdot S_6 \cdot \varrho$	$S_2^2 \cdot \varrho$	$S_2 \cdot S_3 \cdot \varrho$	$S_2 \cdot S_4 \cdot \varrho$	$S_2 \cdot S_6 \cdot \varrho$	$S_3^2 \cdot \varrho$	$S_3 \cdot S_4 \cdot \varrho$	$S_3 \cdot S_6 \cdot \varrho$	$S_4^2 \cdot \varrho$	$S_4 \cdot S_6 \cdot \varrho$
a *S*	×	×	×			×	×	×			×	×			×					
M	×	×	×			×	×	×			×	×			×					
Q	×	×	×			×	×	×			×	×			×					
b *S*	×		×	×		×						×	×		×	×		×		
M	×		×	×		×						×	×		×	×		×		
Q	×		×	×		×						×	×		×	×		×		
c *S*	×			×	×	×										×	×	×	×	×
M	×			×	×	×										×	×	×	×	×
Q	×			×	×	×										×	×	×	×	×
d *S*	×				×	×													×	×
M	×				×	×													×	×
Q	×				×	×													×	×

beiden benachbarten Kästen. Dementsprechend ist auch die Berechnung der Formänderungsarbeiten bedeutend einfacher. Siehe hierzu die schematische Darstellung in Tabelle 16.

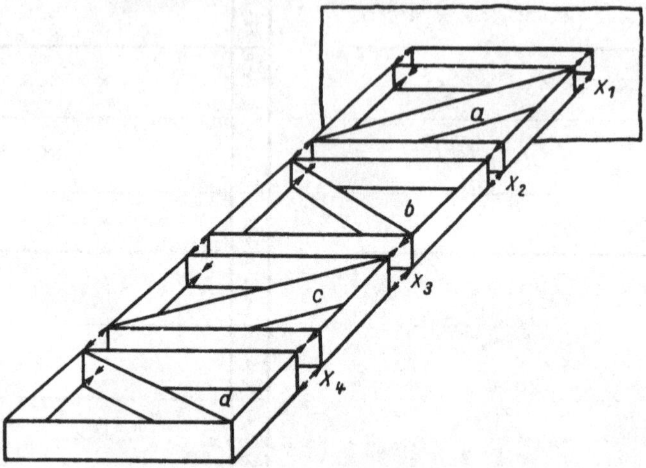

Abb. 67.

Aus dem Vergleich der schematisch dargestellten Formänderungsarbeiten in Tabelle 15 und 16 ist sehr deutlich der Vorteil der Annahme verschiedener Grundsysteme gegenüber der Annahme gleicher Grundsysteme zu erkennen. In Tabelle 16 sind nur rund die Hälfte der Werte wie in Tabelle 15 zu rechnen. Durch S, M und Q sind die Verformungsglieder aus Längskraft, Biegemoment und Querkraft angedeutet. Ein ausführliches Beispiel mit verschiedenen Grundsystemen ist im letzten Abschnitt behandelt.

Teil III. Die Berechnung des statisch unbestimmten Tragwerkes.

1. Zahlenbeispiel für einen Doppeldecker (einfach statisch unbestimmt).

Der für dieses Beispiel zugrunde gelegte Doppeldecker ist ein Aufklärer mittlerer Größe. Da es hier nur auf die statisch unbestimmte Berechnung ankommt, besteht für Fluggewicht, Spannweite u. dgl. kein Interesse. Das tragende Fachwerk ist durch die räumliche Systemskizze in Abb. 68 dargestellt. Es besteht im wesentlichen aus der vor-

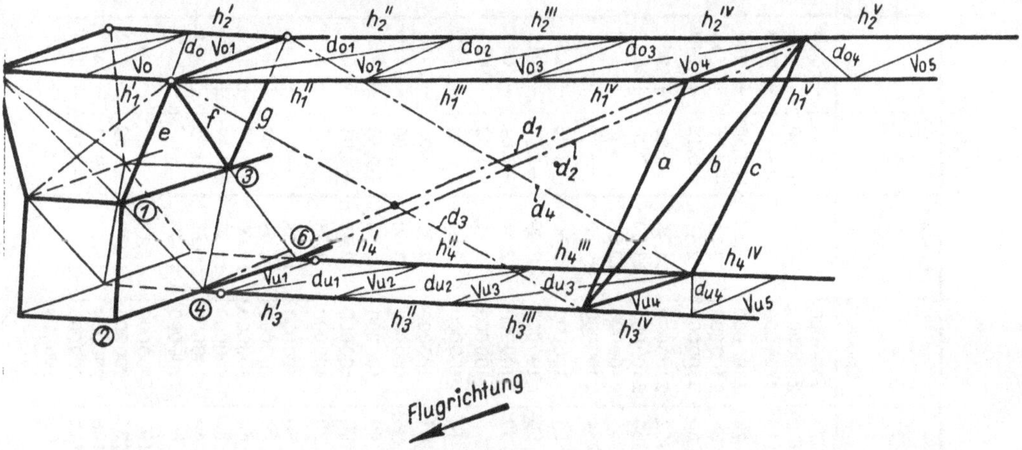

Abb. 68.

deren und hinteren Wand sowie aus den beiden Flügelebenen, die am Rumpf bzw. am Baldachin angeschlossen sind. Aus der Skizze ist weiter zu ersehen, daß die mittlere Stielstrebe „*b*“ überzählig ist. Damit ist das System einfach statisch unbestimmt. Der Grad der statischen Unbestimmtheit läßt sich aber auch durch Abzählen der Stäbe und Knoten ermitteln. Zur Ergänzung ist hier zu sagen, daß ein Kabelkreuz dabei immer als ein Stab eingesetzt wird, der Druck- und Zugkräfte aufnehmen kann. Der überzählige Stab „*b*“ wird als statisch unbestimmte Größe eingeführt; damit ist das statisch bestimmte Grundsystem festgelegt.

Tabelle 17.

	Stab	Abmessung	F	l	E	(10⁵-fach) $\varrho = \frac{l}{E \cdot F}$	S_1	S_0	(10⁵-fach) $S_1^2 \cdot \varrho$	(10⁵-fach) $S_1 \cdot S_0 \cdot \varrho$	$X_1 \cdot S_1$	$S = S_0 + X_1 \cdot S_1$
			cm²	cm	kg/cm²	cm/kg	kg	kg	cmkg	cmkg	kg	kg
Stiel	a	65 × 1,5	2,99	178	2100000	2,84	−1,06	− 750	+ 3,19	+ 2260	+326	− 424
	b	55 × 1,0	1,70	170	2100000	4,76	+1,00	—	+ 4,76	—	−308	− 308
	c	60 × 1,5	2,76	175	2100000	3,02	—	− 260	—	—	—	− 260
Baldachin	e	45 × 1,0	1,38	72	2100000	2,48	−0,60	− 280	+ 0,89	+ 420	+185	− 95
	f	40 × 1,0	1,23	86	2100000	3,44	+0,56	+ 543	+ 1,08	+ 1050	−172	+ 371
	g	40 × 1,0	1,23	66	2100000	2,55	+0,12	+ 749	+ 0,04	+ 230	− 37	+ 712
Kabel	d_1	2 × M 14	1,44	362	2100000	11,95	+2,22	+5963	+ 58,89	+158190	−683	+5880
	d_2	M 14	0,72	360	2100000	23,80	−2,20	+2038	+115,19	−106710	+677	+2715
	d_3	M 12	0,53	255	2100000	22,95	—	—	—	—	—	—
	d_4	M 10	0,38	254	2100000	31,80	—	—	—	—	—	—
Oberflügel	h_1^{I}	Kiefer	25,0	65	100000	2,60	−3,06	−4260	+ 24,35	+ 33890	+941	−3319
	h_1^{II}	,,	31,0	96	100000	3,09	−2,55	−3913	+ 20,09	+ 30830	+784	−3129
	h_1^{III}	,,	38,0	99	100000	2,61	−2,04	−4621	+ 10,86	+ 24600	+628	−3993
	h_1^{IV}	,,	45,0	98	100000	2,17	−1,52	−5480	+ 5,01	+ 18080	+468	−5012
	h_1^{V}	,,	35,0	70	100000	2,00	—	− 321	—	—	—	− 321
	h_2^{I}	Kiefer	28,0	65	100000	2,32	+3,06	−2976	+ 21,72	− 21130	−941	−3917
	h_2^{II}	,,	32,0	96	100000	3,00	+3,06	−2911	+ 28,09	− 26720	−941	−3852
	h_2^{III}	,,	35,0	99	100000	2,83	+2,55	−1812	+ 18,40	− 13080	−784	−2596
	h_2^{IV}	,,	40,0	98	100000	2,45	+2,03	−1050	+ 10,10	− 5220	−624	−1674
	h_2^{V}	,,	30,0	70	100000	2,33	—	+ 275	—	—	—	+ 275
	V_0	30 ⌀ × 1,0	0,91	80	700000	12,55	—	+ 50	—	—	—	+ 50
	V_{01}	38 ⌀ × 1,5	1,72	80	700000	6,65	−0,02	+ 245	—	− 30	+ 6	+ 251
	V_{02}	34 ⌀ × 1,0	1,04	80	700000	11,00	+0,44	+ 170	+ 2,13	+ 820	−135	+ 35
	V_{03}	34 ⌀ × 1,0	1,04	80	700000	11,00	+0,44	+ 85	+ 2,13	+ 410	−135	− 50
	V_{04}	38 ⌀ × 1,0	1,16	80	700000	9,85	+0,03	+ 51	+ 0,01	+ 20	− 9	+ 42
	V_{05}	28 ⌀ × 1,0	0,85	80	700000	13,42	—	− 20	—	—	—	− 20
	d_0	32 ⌀ × 1,0	0,97	103	700000	15,19	—	− 42	—	—	—	− 42
	d_{01}	38 ⌀ × 1,0	1,16	125	700000	15,40	−0,69	− 402	+ 7,33	+ 4270	+212	− 190
	d_{02}	38 ⌀ × 1,0	1,16	128	700000	15,79	−0,71	− 275	+ 7,96	+ 3080	+218	− 57
	d_{03}	38 ⌀ × 1,0	1,16	127	700000	15,65	−0,70	− 120	+ 7,67	+ 1320	+215	+ 95
	d_{04}	30 ⌀ × 1,0	0,91	107	700000	16,98	—	+ 35	—	—	—	+ 35

Unterflügel	h_3^{I}	Kiefer	22,0	80,0	100000	3,64	+1,02	− 102	+ 3,79	− 380	−314	− 416
	h_3^{II}	,,	27,0	80,0	100000	2,96	+0,51	− 321	+ 0,77	− 490	−157	− 478
	h_3^{III}	,,	32,0	80,0	100000	2,50	—	− 509	—	—	—	− 509
	h_3^{IV}	,,	20,0	60,0	100000	3,00	—	− 95	—	—	—	− 95
	h_4^{I}	Kiefer	12,0	80,0	100000	6,67	−1,52	− 682	+ 15,41	+ 6910	+468	− 214
	h_4^{II}	,,	15,0	80,0	100000	5,34	−1,02	− 461	+ 5,56	+ 2510	+314	− 147
	h_4^{III}	,,	21,0	80,0	100000	3,81	−0,51	− 285	+ 0,99	+ 550	+157	− 128
	h_4^{IV}	,,	11,0	60,0	100000	5,46	—	+ 48	—	—	—	+ 48
	Vu_1	32 Ø × 1,0	0,97	70,0	700000	10,32	−0,22	+ 115	+ 0,50	− 260	+ 68	+ 183
	Vu_2	32 Ø × 1,0	0,97	70,0	700000	10,32	−0,44	+ 139	+ 2,00	− 630	+135	+ 274
	Vu_3	32 Ø × 1,0	0,97	70,0	700000	10,32	−0,44	+ 70	+ 2,00	− 320	+135	+ 205
	Vu_4	34 Ø × 1,5	1,04	70,0	700000	9,63	−0,44	− 42	+ 1,86	+ 180	+135	+ 93
	Vu_5	24 Ø × 1,0	0,72	70,0	700000	13,90	—	− 18	—	—	—	− 18
	du_1	36 Ø × 1,0	1,10	116,0	700000	15,07	+0,73	− 341	+ 8,03	− 3750	−225	− 566
	du_2	36 Ø × 1,0	1,10	116,0	700000	15,07	+0,73	− 227	+ 8,03	− 2500	−225	− 452
	du_3	36 Ø × 1,0	1,10	116,0	700000	15,07	+0,73	− 110	+ 8,03	− 1810	−225	− 335
	du_4	26 Ø × 1,0	0,79	92,0	700000	16,65	—	+ 28	—	—	—	+ 28
Rumpf-Querstäbe	①–①	38 Ø × 1,5	1,72	38,0	2100000	1,05	−0,21	+ 510	+ 0,05	− 110	+ 65	+ 575
	③–③	25 Ø × 1,0	0,75	38,0	2100000	2,41	+0,21	− 150	+ 0,11	− 80	− 65	− 215
	②–②	40 Ø × 1,0	1,23	38,0	2100000	1,47	—	—	—	—	—	—
	④–④	40 Ø × 1,5	1,81	40,0	2100000	1,05	+3,02	+5619	+ 9,58	+ 17820	−929	+4690
	⑥–⑥	35 Ø × 1,5	1,58	40,0	2100000	1,21	−3,02	−1227	+ 11,04	+ 4480	+929	− 298
Rumpf-Seitenwand	①–③	38 Ø × 2,0	2,26	60,0	2100000	1,27	+0,18	+1591	+ 0,04	+ 360	− 55	+1536
	②–④	40 Ø × 2,0	2,39	61,0	2100000	1,22	—	−1621	—	—	—	−1621
	④–⑥	45 Ø × 2,0	2,70	70,0	2100000	1,24	−0,26	−1753	+ 0,08	+ 570	+ 80	−1673
	①–②	30 Ø × 1,0	0,91	62,0	2100000	3,24	—	− 609	—	—	—	− 609
	①–④	48 Ø × 1,5	2,19	86,0	2100000	1,87	−0,55	−2130	+ 0,57	+ 2190	+169	−1961
	③–④	48 Ø × 1,5	2,19	70,0	2100000	1,52	+0,28	+ 508	+ 0,12	+ 220	− 86	+ 422
	③–⑥	55 Ø × 1,5	2,52	92,0	2100000	1,74	+0,37	−1203	+ 0,24	− 780	−114	−1317
								Σ	+428,69	+131860		

$$X_1 = -\frac{\Sigma S_0 \cdot S_1 \cdot \varrho}{\Sigma S_1^2 \cdot \varrho} = -\frac{+131860 \cdot 10^{-5}}{+428,69 \cdot 10^{-5}} = -307,6$$

Zur Ermittlung der S_0-Kräfte (Stabkräfte aus der äußeren Belastung) und der S_1-Kräfte (Stabkräfte aus „b“ $= X_1 = +1{,}0$ kg) werden die beiden Gegenkabel d_3 und $d_4 = 0$ gesetzt. Es ist dabei vorausgesetzt, daß die beiden Hauptkabel d_1 und d_2 Zug erhalten.

Die S_0-Kräfte sind nur überschläglich ermittelt und sollen hier als bekannt vorausgesetzt werden. Sie entsprechen dem Belastungsbereich 105 (Grenzfall A), das ist der Fall Abfangen mit großem Anstellwinkel und kleiner Gewindigkeit.

Ebenfalls sind die S_1-Kräfte überschläglich ermittelt und hier als bekannt vorausgesetzt.

Damit kann die Ermittlung der statisch Unbestimmten und die Berechnung der endgültigen Stabkräfte (S-Kräfte) vorgenommen werden. Die zahlenmäßige Durchrechnung wird am übersichtlichsten wieder in Tabellenform (Tabelle 17) durchgeführt.

Die Annahme, daß die beiden Gegenkabel d_3 und $d_4 = 0$ sind und die beiden Hauptkabel d_1 und d_2 Zug erhalten, hat sich als richtig erwiesen.

Bei mehrfach unbestimmten Tragwerken, die viele Kabelkreuze aufweisen, läßt es sich nicht immer von vornherein sagen, welche Kabel gespannt werden. Bei der Bestimmung der S-Kräfte kommt es vor, daß das eine oder andere Kabel aus der Überlagerung mit den Einflüssen aus den statisch unbestimmten Größen Druck erhält. In Wirklichkeit kann in einem Kabel aber keine Druckkraft auftreten und daher wird das entsprechende Gegenkabel auf Zug belastet. In solchen Fällen ist dann eine Umrechnung vorzunehmen. Diese Umrechnung muß streng genommen mit den S_0-Kräften gemacht werden; denn durch die Umrechnung in der Auskreuzungsebene werden auch die Randstäbe mit beeinflußt und diese Änderung ist dann in den Formänderungsarbeiten nicht mit enthalten. Wenn der Einfluß auf die Randstäbe nur gering ist und die Kabel gleiche Längen und Querschnitte haben (besser gleiche ϱ-Werte), kann die Umrechnung auch mit den S-Kräften vorgenommen werden.

Nimmt man die Umrechnung mit den S_0-Kräften vor, dann dürfen die Kabel auch Druck erhalten. Dieser Druck wird dann durch die Überlagerung mit dem Einfluß aus der statisch unbestimmten Größe in Zug umgewandelt.

2. Zweifach statisch unbestimmte Wassermaschine als zweimal einfach unbestimmt gerechnet.

Bei der Berechnung mehrfach statisch unbestimmter Systeme schlägt man in der Regel folgenden Weg ein. Nachdem das statisch bestimmte Grundsystem festgelegt ist, berechnet man in den einzelnen Baugliedern die Längskräfte, Biegemomente, Querkräfte und Drehmomente sowohl aus den äußeren Lasten als auch aus den Unbekannten $X_1 = +1{,}0$, $X_2 = +1{,}0$ usw. Daraus ermittelt man über die Formänderungsarbeiten die Unbekannten X_1, X_2 usw. und berechnet dic endgültigen Stabkräfte, Momente, Querkräfte und Drehmomente.

Wird ein statisch unbestimmtes System nachträglich durch Hinzufügen eines Stabes in der Unbestimmtheit um einen Grad erhöht, so kann diese zusätzliche Unbestimmtheit durch eine zusätzliche Berechnung erfaßt werden. Dieser Berechnungsgang soll im folgenden durchgesprochen werden.

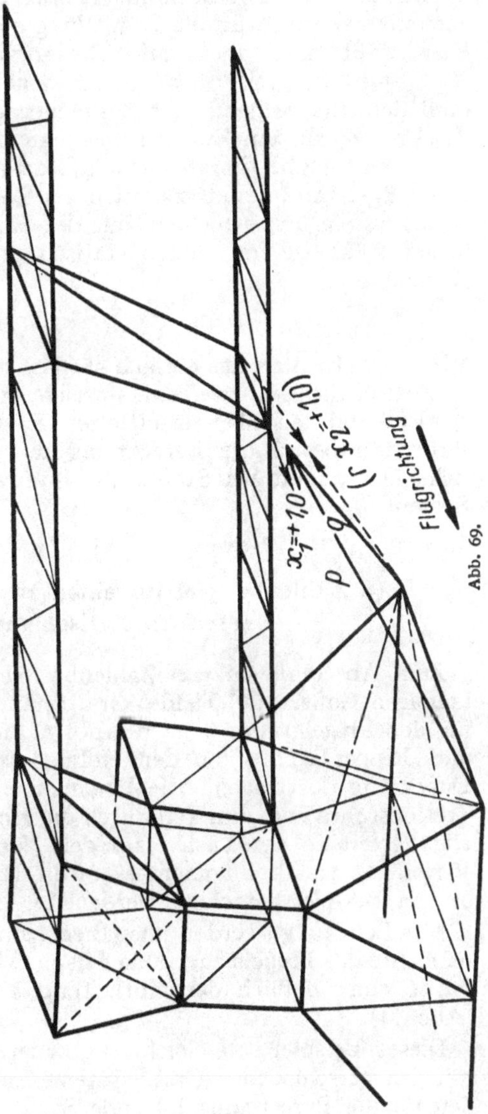

Abb. 69.

Bei der in Abb. 69 dargestellten Wassermaschine sollen zunächst nur die beiden Schwimmerstreben p und q vorhanden sein. Dadurch ist die Maschine einfach statisch unbestimmt; denn zur Übertragung der Luftkraft ist nur eine Schwimmerstrebe erforderlich. Es liegt hier nahe, für das statisch bestimmte Grundsystem eine der beiden Streben p oder q einzusetzen und die andere als unbekannte Größe X_1 einzuführen. Es ist jedoch besser, die Verkettungskraft zwischen den beiden Streben und dem Flügel in Richtung der Rumpfachse (Vergleich Abb. 69) als Unbekannte X_1 einzusetzen; denn dadurch wird erreicht, daß das statisch bestimmte Grundsystem nicht wesentlich vom statisch unbestimmten System abweicht und demzufolge die Unbestimmte X_1 klein wird (vgl. Die günstigste Wahl des statisch bestimmten Grundsystems). Damit können die Stabkräfte S in dem einfach statisch unbestimmten System berechnet werden.

Führt man jetzt zusätzlich die Strebe r ein, dann wird

das System zweifach statisch unbestimmt. Der Einfluß dieser Strebe r wird jetzt zusätzlich ermittelt. Man stellt sich vor, das statisch bestimmte Grundsystem sei das oben besprochene einfach statisch unbestimmte System, und demzufolge setzt man die bekannten S-Kräfte des einfach unbestimmten Systems als S_0-Kräfte für das zweifach unbestimmte System ein. Als Unbestimmte X_2 wird die Zusatzstrebe r gewählt, und dementsprechend wird die Ermittlung $r = X_2 = +1{,}0$ kg durchgeführt. Hier stößt man aber auf Schwierigkeiten; denn die Unbekannte $X_2 = +1{,}0$ kg greift ja an ein statisch unbestimmtes System an und muß dementsprechend erst besonders statisch unbestimmt berechnet werden. Zu diesem Zweck setzt man die Unbekannte $X_2 = +1{,}0$ kg an das statisch bestimmte Grundsystem an und ermittelt die S_{2_0}-Kräfte. Diese S_{2_0}-Kräfte denkt man sich als S_0-Kräfte im statisch bestimmten Grundsystem und errechnet mit der Ermittlung $X_1 = +1{,}0$ die wirklichen S_2-Kräfte im einfach statisch unbestimmten System nach der Gleichung

$$S_2 = S_{2_0} + X_1 S_1.$$

Mit den S-Kräften des einfach statisch unbestimmten Systems, die als S_0-Kräfte für das zweifach statisch unbestimmte System eingesetzt werden, und den oben ermittelten S_2-Kräften wird dann die zweite statisch unbestimmte Berechnung durchgeführt, und damit ergeben sich die endgültigen Stabkräfte im zweifach statisch unbestimmten System.

3. Zahlenbeispiel für einen zweiholmigen Tiefdecker (dreifach statisch unbestimmt).

Zum Abschluß soll als Zahlenbeispiel die Berechnung eines zweiholmigen Ganzmetall-Tiefdeckers behandelt werden. Gegeben ist hierfür der Flügelgrundriß nach Abb. 70 mit den eingezeichneten Holm- und Rippenlagen. Von den Holmen werden die Biegemomente und Querkräfte übertragen. Die Drehmomente werden zum Teil durch die Torsionsröhre und zum Teil durch die Holme auf Biegung übernommen. Die Verteilung der Lasten auf den Vorder- und Hinterholm und die Verteilung des Drehmomentes auf die Holme und Torsionsröhre soll in diesem Beispiel berechnet werden.

Als Belastung werden die Biegemomente, Querkräfte und Drehmomente des Flügels zugrunde gelegt, wie sie sich aus dem Belastungsfall A einschließlich der Entlastung aus den Massenkräften ergeben (Abb. 71).

Dieses Beispiel soll gleichzeitig dazu benutzt werden, die Methode mit den verschiedenen Grundsystemen näher kennenzulernen. Es werden für die Berechnung folgende Systeme zugrundegelegt.

Für die Übertragung der Querkräfte und Biegemomente werden die beiden Holme vollkommen aus dem Flügel herausgelöst und als eingespannte Träger betrachtet. Der Angriffspunkt der resultierenden Belastung wird in die Mitte zwischen den beiden Holmen gelegt; so daß

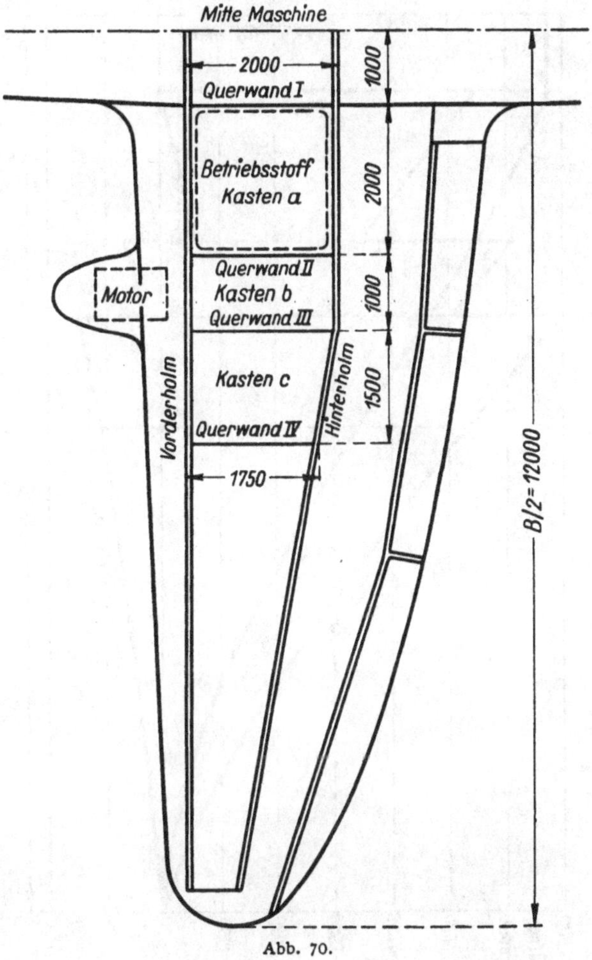

Abb. 70.

die Lasten je zur Hälfte auf den Vorder- und Hinterholm abgesetzt werden können. Durch die Verschiebung der resultierenden Last entsteht ein Drehmoment von der Größe $A \cdot e$ nach Abb. 72.

Dieses Drehmoment ist zusammen mit dem Drehmoment aus den Massenkräften (ebenfalls auf die Mittellinie zwischen den beiden Holmen bezogen) in der M_d-Kurve nach Abb. 71 dargestellt.

Außerdem tritt durch den Knick des Hinterholmes an der Querwand III noch ein Zusatzdrehmoment auf.

Für die Übertragung der Drehmomente wird als statisch bestimmtes Grundsystem das System nach Abb. 73 gewählt. Die Holme sind an

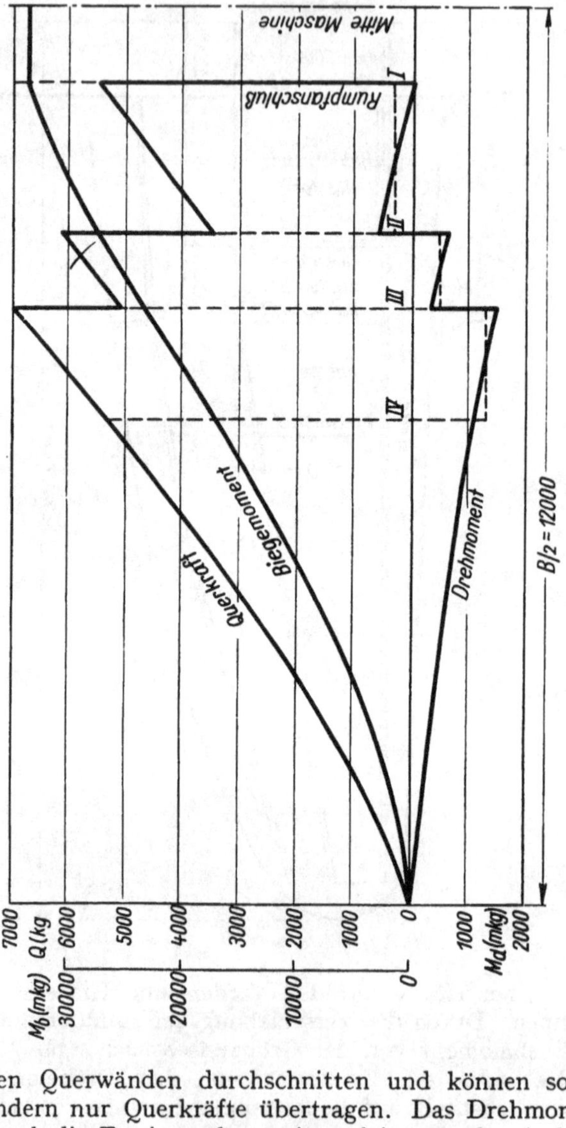

Abb. 71.

den einzelnen Querwänden durchschnitten und können somit keine Biegung, sondern nur Querkräfte übertragen. Das Drehmoment kann daher nur durch die Torsionsröhre weitergeleitet werden (vgl. Abb. 67).

Die Praxis hat gezeigt, daß derartige Flügel nur in dem inneren Bereich statisch unbestimmt gerechnet werden brauchen. Es ist daher auch hier die unbestimmte Berechnung auf die Kästen *a*, *b* und *c* beschränkt.

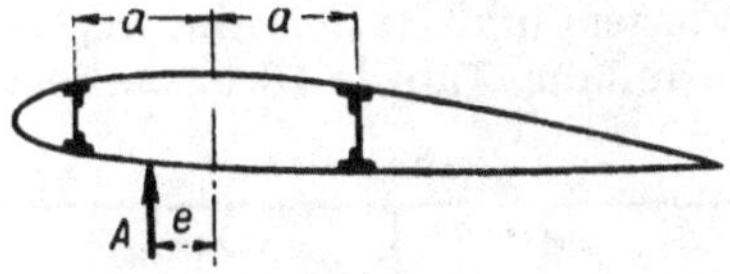

Abb. 72.

Für die folgende zahlenmäßige Durchrechnung ist es erforderlich, von vornherein die Vorzeichen der Momente und Querkräfte eindeutig festzulegen.

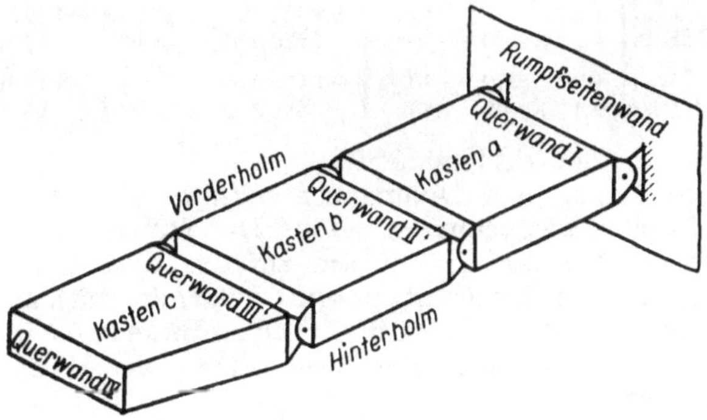

Abb. 73.

Es gelten als positiv:

1. die Biegemomente für Holme und Querwände, wenn die untere Randfaser Zug erhält;
2. die Querkräfte, wenn die Belastung
   a) für die Holme außen aufwärts innen abwärts
   b) „ „ Querwände vorn „ hinten „
   wirken;
3. die Drehmomente in der Torsionsröhre, wenn sie kopflastig wirken.

Zu erwähnen ist noch, daß in der folgenden zahlenmäßigen Durchrechnung die kurvenförmigen Biegemomente und Querkräfte durch entsprechende gerade Linien ersetzt werden (Trapeze und Dreiecke). Das Drehmoment wird über die einzelnen Kästen konstant angenommen (vgl. Abb. 71)

1. Ermittlung der Biegemomente, Querkräfte und Drehmomente aus der äußeren Belastung (M_0-, Q_0-, M_{d_0}-Werte).

a) Absetzen der Biegemomente und Querkräfte.

Die in Abb. 71 gegebenen Biegemomente und Querkräfte werden je zur Hälfte auf den Vorder- und Hinterholm abgesetzt. Die Verteilung ist in der Zusammenstellung Tabelle 18 enthalten.

Tabelle 18.

Schnitt	Flügel M_b cmkg	Flügel Q kg	Vorderholm M_b cmkg	Vorderholm Q kg	Hinterholm M_b cmkg	Hinterholm Q kg
Rumpfbereich ...	+3380000	0	+1690000	0	+1690000	0
Kasten a I...	+3380000	+5440	+1690000	+2720	+1690000	+2720
Kasten a II...	+2740000	+3480	+1370000	+1740	+1370000	+1740
„ b II...	+2740000	+6100	+1370000	+3050	+1370000	+3050
„ b III...	+2340000	+5080	+1170000	+2540	+1170000	+2540
„ c III...	+2340000	+7000	+1170000	+3500	+1170000	+3500
„ c IV...	+1700000	+5320	+ 850000	+2660	+ 850000	+2660

b) Absetzen der Drehmomente.

Die in Abb. 71 gegebene Drehmomentenkurve ist, wie in der Praxis üblich, durch eine Treppenlinie ersetzt. Die Stufen an den einzelnen Querwänden werden als Kräftepaare auf das System nach Abb. 73 abgesetzt. Weiter ist das Zusatzmoment aus Holmknick ΔM_d noch zu berücksichtigen. Letzteres ergibt sich aus dem Biegemoment des Hinterholmes und dem Holmknick. Das Biegemoment des Hinterholmes am Knick (Querwand III) ist

$$M_b = 11\,700 \text{ mkg}$$

Der tg des Holmknickwinkels beträgt

$$\frac{25}{150} = 0{,}166$$

Damit wird das Zusatzmoment

$$\Delta M_d = 11\,700 \cdot 0{,}166 = -1940 \text{ mkg}$$

An dieser Stelle sei noch erwähnt, daß das Biegemoment des Hinterholmes vom Knick nach außen streng genommen um den cos des Holmknickwinkels zu erhöhen ist. Dieser Betrag ist verhältnismäßig klein und soll daher nicht berücksichtigt werden.

Die im folgenden aus den Drehmomentenstufen errechneten Kräftepaare sind in Abb. 74 mit dem Zusatzmoment aus Holmknick zusammengestellt.

Querwand IV:

$$\Delta M_d = -1300 \text{ mkg} \qquad \text{Holmabstand } 1{,}75 \text{ m}$$

$$P = \frac{1300}{1{,}75} = 750 \text{ kg}$$

Querwand III:

$$\Delta M_d = + 800 \text{ mkg} \qquad \text{Holmabstand } 2{,}0 \text{ m}$$

$$P = \frac{800}{2{,}0} = 400 \text{ kg}$$

Außerdem wirkt hier das Zusatzmoment aus Holmknick von $\Delta M_d = - 1940$ mkg

Querwand II:

$$\Delta M_d = + 800 \text{ mkg} \qquad \text{Holmabstand } 2{,}0 \text{ m}$$

$$P = \frac{800}{2{,}0} = 400 \text{ kg}$$

Querwand I:

Außer dem ΔM_d von -300 mkg wirkt hier das Reaktionsdrehmoment aus Holmknick mit $\Delta M_d = + 1940$ mkg

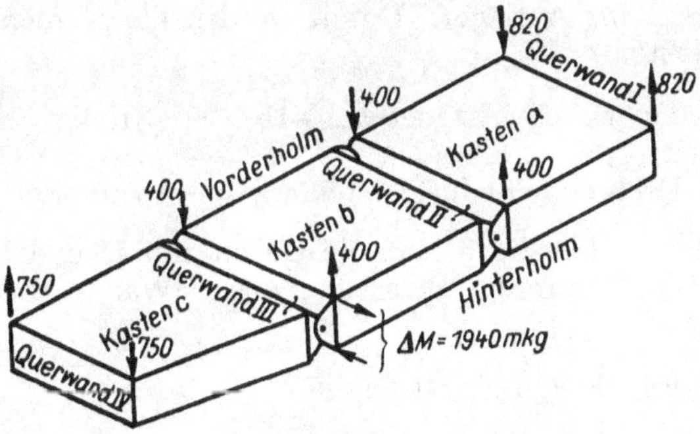

Abb. 74.

Damit wird

$$\Delta M_d = +1940 - 300 = +1640 \text{ mkg} \qquad \text{Holmabstand } 2{,}0 \text{ m}$$

$$P = \frac{1640}{2{,}0} = 820 \text{ kg}$$

Mit den in Abb. 74 eingetragenen Kräften sind die Momente und Querkräfte der einzelnen Bauglieder zu bestimmen. Man beginnt am besten mit dem Kasten *c*.

Das eingeleitete Drehmoment von 1300 mkg durch das Kräftepaar von 750 kg an der Querwand IV findet an der Querwand III wieder als Kräftepaar $\left(P = \frac{1300}{2} = 650 \text{ kg}\right)$ sein Auflager. Damit ergeben sich folgende Momente und Querkräfte im Kasten *c*

Querkraft in Querwand IV: $Q = +375$ kg

„ „ „ III: $Q = -325$ „

Drehmoment im Kasten *c*: $M_d = -1300$ mkg

Die Auflagerkraft des Kastens c an der Querwand III von 650 kg ist für den Kasten b wieder mit als äußere Last einzusetzen. Das gesamte Moment beträgt somit $-1940 + 2 \cdot 400 - 2 \cdot 650 = -2440$ mkg und das Auflagerkräftepaar $= \frac{2440}{2{,}0} = 1220$ kg. Daraus erhält man die Momente und Querkräfte im Kasten b

Querkraft in Querwand	III	$-$ 360 kg	
Biegemoment in ,,	III	$-$1940 mkg	(dreieckförmig verteilt)
Querkraft ,, ,,	II	$-$ 610 kg	
Drehmoment im Kasten	b	$-$2440 mkg	

Die Belastung des Kastens a setzt sich zusammen aus der Auflagerkraft des Kastens b von 1220 kg und der Last von 400 kg aus der Drehmomentenstufe. Die Gesamtlast von $1220 - 400 = 820$ kg findet in der Querwand I ihr Auflager. Damit werden die Momente und Querkräfte für Kasten a

Querkraft in Querwand	II	$= + 410$ kg
,, ,, ,,	I	$= - 410$,,
Drehmoment im Kasten a		$= -1640$ mkg

Zu erwähnen ist hier noch, daß die Querwände II und III je zweimal vorkommen und somit die Belastung dieser Wände entsprechend zu überlagern ist.

Es wird dann die Querkraft in

$$\text{Querwand II} = +410 - 610 = -200 \text{ kg}$$
$$\text{,, III} = -360 - 325 = -685 \text{ ,,}$$

Damit sind die Momente und Querkräfte in den einzelnen Bauteilen aus der äußeren Belastung vorhanden.

2. Ermittlung der Biegemomente, Querkräfte und Drehmomente aus der Belastung $X_1 = +1{,}0$ mkg (M_1-, Q_1-, M_{d_1}-Werte).

Als statisch bestimmtes Grundsystem wird für alle 3 Unbekannten das System nach Abb. 73 angenommen. Die Verkettungsmomente an den Schnittstellen der Holme sind als statisch Unbestimmte eingeführt und zur besseren Übersicht in Abb. 75 eingetragen. Die Unbestimmte X_1 liegt in Mitte Maschine und verkettet den Kasten a der linken Seite über Mitte Rumpf hinweg mit dem Kasten a der rechten Seite. Im folgenden sind die Momente und Querkräfte aus $X_1 = +1{,}0$ mkg in den entsprechenden Bauteilen berechnet.

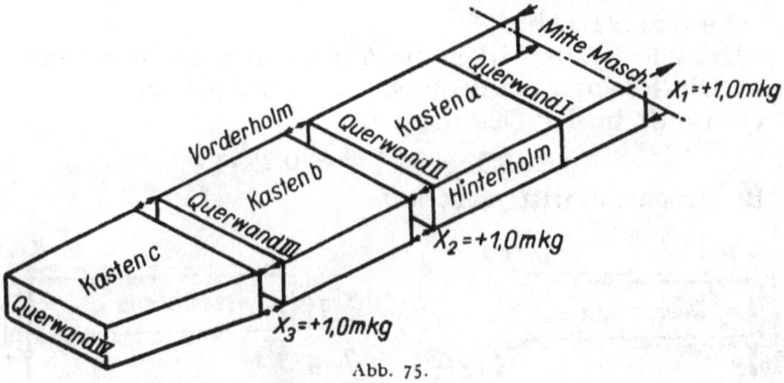

Abb. 75.

a) Vorderholm (Abb. 76).

Auflager an Querwand I und II:

$$A = \frac{X_1}{l} = \frac{1{,}0}{2{,}0} \qquad = +0{,}5 \text{ kg}$$

$$B \qquad = -0{,}5 \text{ ,,}$$

Biegemoment

$$M_b = X_1 \qquad = +1{,}0 \text{ mkg}$$

Querkraft

$$Q \qquad = +0{,}5 \text{ kg}$$

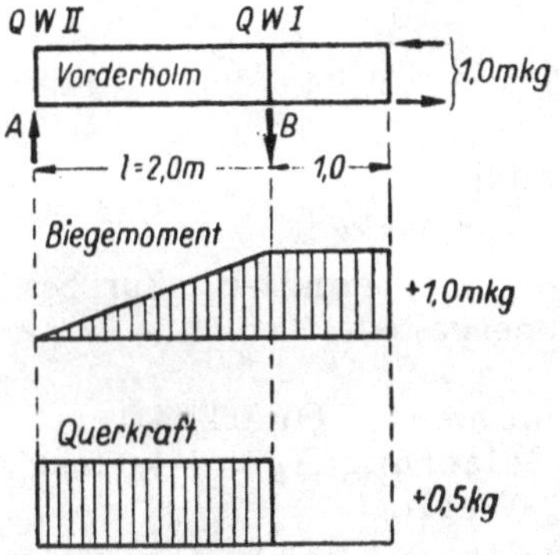

Abb. 76.

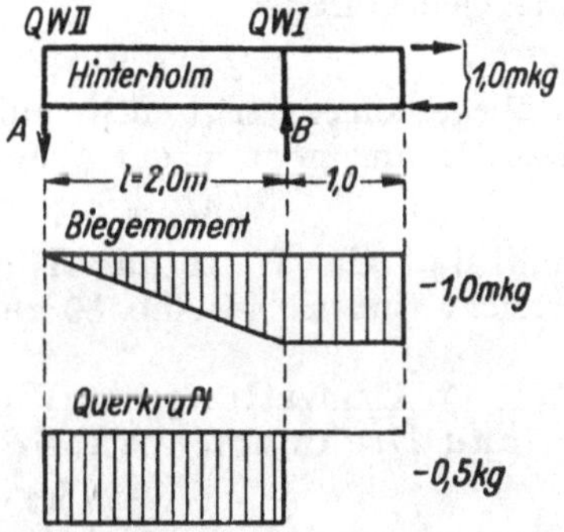

Abb. 77.

b) Hinterholm (Abb. 77).

Auflager an Querwand I und II:

$$A = \frac{X_1}{l} = \frac{1{,}0}{2{,}0} \qquad = -0{,}5 \text{ kg}$$

$$B = \qquad = +0{,}5 \text{ ,,}$$

Biegemoment

$$M_b = X_1 \qquad = -1{,}0 \text{ mkg}$$

Querkraft

$$Q \qquad = -0{,}5 \text{ kg}$$

c) Querwand I (Abb. 78).

Als belastende Kräfte wirken die Auflageraktionen B aus den beiden Holmen. Die Reaktion wird durch die Röhre gebildet.

Die Querkraft in der Querwand ist

$$Q = 0{,}5 - 0{,}25 = +0{,}25 \text{ kg}.$$

Ein Biegemoment tritt nicht auf.

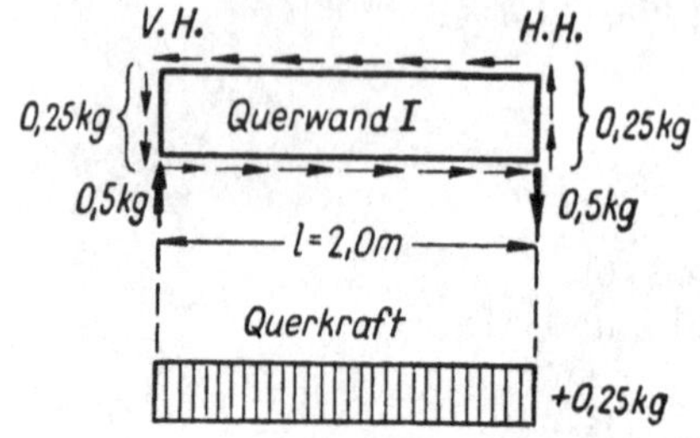

Abb. 78.

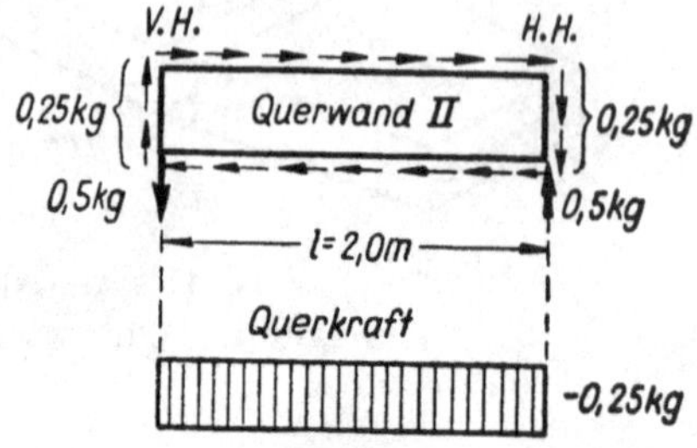

Abb. 79.

d) Querwand II (Abb. 79).

Als belastende Kräfte wirken die Auflageraktionen A aus den beiden Holmen. Die Reaktion gleicht sich durch die Röhre mit Querwand I aus.

Die Querkraft ist

$$Q = -0{,}5 + 0{,}25 = -0{,}25 \text{ kg}$$

Ein Biegemoment tritt nicht auf.

Das Drehmoment in der Röhre beträgt

$$M_d = 0{,}5 \cdot 2{,}0 = +1{,}0 \text{ mkg}$$

Damit sind alle Werte aus $X_1 = +1{,}0$ mkg ermittelt. Zur besseren Übersicht sind sie in Abb. 80 zusammengestellt.

3. Ermittlung der Biegemomente, Querkräfte und Drehmomente aus der Belastung $X_2 = +1{,}0$ mkg (M_2-, Q_2-, M_{d_2}-Werte).

Die Unbestimmte X_2 verkettet den Kasten a mit dem Kasten b. Die Bestimmung der Momente und Querkräfte in den Kästen a und b geschieht in der gleichen Weise wie bei der Ermittlung $X_1 = +1{,}0$ mkg im Kasten a. Es ist daher auf die zahlenmäßige Durchrechnung verzichtet und gleich das Endresultat in Abb. 81 dargestellt.

4. Ermittlung der Biegemomente, Querkräfte und Drehmomente aus der Belastung $X_3 = +1{,}0$ mkg (M_3-, Q_3-, M_{d_3}-Werte).

Ähnlich wie bei X_2 verkettet die Unbekannte X_3 die beiden Kästen b und c miteinander, durch den Holmknick erhält die Querwand III ein zusätzliches Biegemoment. Im übrigen ist die Ermittlung genau wie bei X_1 und X_2. Es ist daher nur wieder das Endresultat in Abb. 82 zusammengestellt.

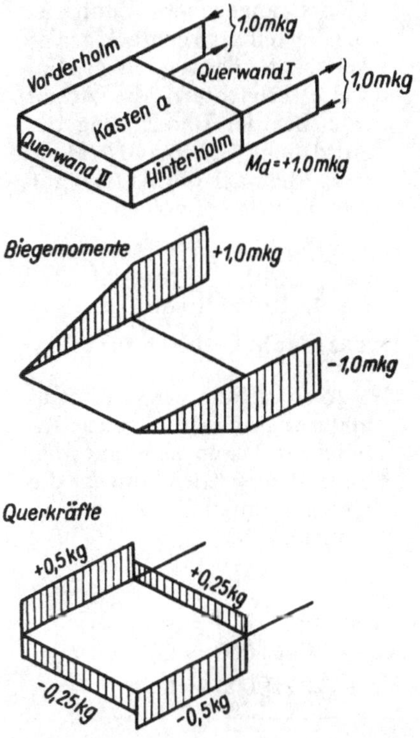

Abb. 80.

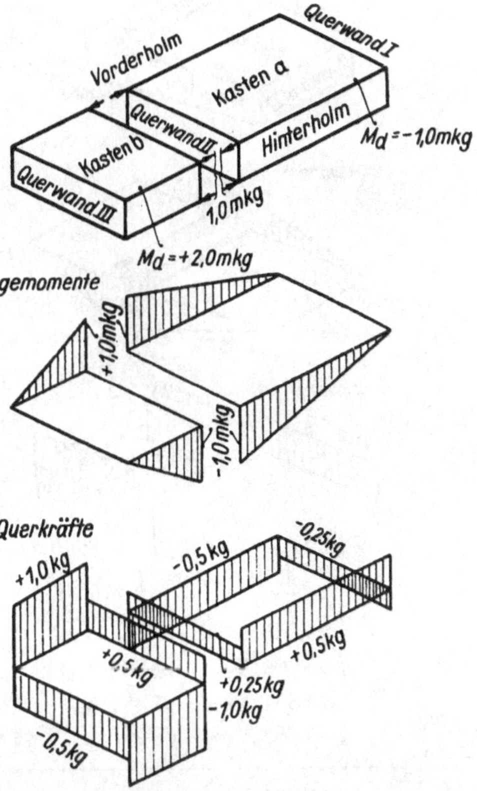

Abb. 81.

5. Ermittlung der ϱ-Werte.

Mit den nach der Konstruktion gegebenen Daten sind die ϱ-Werte in der Tabelle 19 gerechnet. Für die Stege der Holme und Rippen ist wegen der Zugfalten nicht G, sondern $E/4$ eingesetzt. Weiter sind die ϱ-Werte mit dem 10^8fachen Betrag in der Berechnung eingeführt, um nicht mit sehr kleinen Zahlen für die Ausdrücke $M_1^2 \cdot \varrho$, $M_1 \cdot M_2 \cdot \varrho$ usw. rechnen zu müssen.

6. Ermittlung der Formänderungsarbeiten.

Außer den ϱ-Werten sind auch die unter 1—4 ermittelten Momente und Querkräfte mit in die Tabelle 19 eingetragen. Die Trapez- und

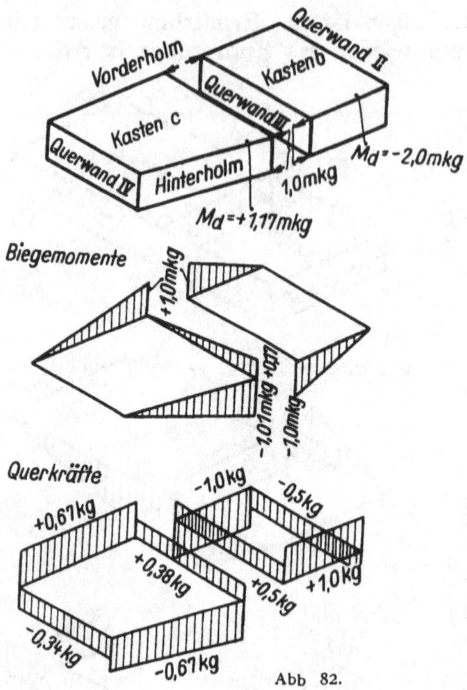

Abb 82.

Dreiecksflächen deuten auf die Momenten- bzw. Querkraftverteilung über den einzelnen Trägerteilen hin. Ist nichts angegeben, dann ist die Verteilung rechteckig, also konstant. Diese kleinen Hinweise erleichtern die Arbeit sehr bei der Berechnung der Ausdrücke $M_1^2 \cdot \varrho$, $M_1 \cdot M_2 \cdot \varrho$ usw., die nach der Aufstellung der Tabelle 5 erfolgen.

7. Berechnung der statisch Unbestimmten.

Aus den Summen der Formänderungsarbeiten nach Tabelle 19 lassen sich mit den folgenden 3 Gleichungen die Unbestimmten X_1, X_2 und X_3 ermitteln.

$$
\begin{array}{lrrrrl}
① & +25895\,X_1 & -\;14804\,X_2 & +\;3762\,X_3 & +\;24873000 & = 0 \\
② & -14804\,X_1 & +\;92851\,X_2 & -\;68290\,X_3 & -\;6061000 & = 0 \\
③ & +\;3762\,X_1 & -\;68290\,X_2 & +114965\,X_3 & +\;22779000 & = 0 \\
\hline
④ & -25895\,X_1 & +162200\,X_2 & -119300\,X_3 & -\;10600000 & = 0 + 1{,}75 \cdot ② \\
⑤ & — & +147396\,X_2 & -115538\,X_3 & +\;14273000 & = 0 \quad ① + ④ \\
⑥ & +14804\,X_1 & -269000\,X_2 & +453000\,X_3 & +\;89620000 & = 0 + 3{,}94 \cdot ③ \\
⑦ & — & -176149\,X_2 & +384710\,X_3 & +\;83559000 & = 0 \quad ② + ⑥ \\
⑧ & — & +176149\,X_2 & -138000\,X_3 & +\;17020000 & = 0 + 1{,}195 \cdot ⑤ \\
⑨ & — & — & +246710\,X_3 & +100579000 & = 0 \quad ⑦ + ⑧
\end{array}
$$

Gleichung ⑨ $X_3 = -\dfrac{+100579000}{+246710} = -407$

Gleichung ⑦ $X_2 = -\dfrac{+83559000 - 384710 \cdot 407}{-176149} = -416$

Gleichung ① $X_1 = -\dfrac{+24873000 - 3762 \cdot 407 + 14804 \cdot 416}{+25895} = -1140$

Tabelle 19.

1	2		3	4	5	6	7	8
Reihe	Beanspruchung		Bauteil	l cm	J cm^4	E kg/cm^2	$\varrho^* = \frac{l}{E \cdot J}$ 1/cmkg	M_1 cmkg
1	Biegemomente	Vorderholm	Rumpf . .	100	37 100	700 000	0,385	+100  +100
2			Kasten a .	200	31 200	700 000	0,916	0  +100
3			,, b .	100	25 200	700 000	0,567	—
4			,, c .	150	21 900	700 000	0,978	—
5		Hinterholm	Rumpf . .	100	49 800	700 000	0,287	−100  −100
6			Kasten a .	200	40 200	700 000	0,711	0  −100
7			,, b .	100	28 500	700 000	0,501	—
8			,, c .	151	22 800	700 000	0,946	—
9		Querwände	Querwand I	200	6 500	700 000	4,39	—
10			,, II	200	6 200	700 000	4,60	—
11			,, III	200	8 100	700 000	3,52	—
12			,, IV	175	4 300	700 000	5,82	—
				l cm	F cm^2	$E/4$ kg/cm^2	$\varrho^* = \frac{l}{E/4 \cdot F}$ cm/kg	Q_1 kg
13	Querkräfte	Vorderholm	Rumpf . .	100	5,6	175 000	10 200	—
14			Kasten a .	200	9,8	175 000	11 670	+0,50
15			,, b .	100	9,2	175 000	6 210	—
16			,, c .	150	4,6	175 000	18 650	—
17		Hinterholm	Rumpf . .	100	8,0	175 000	7 140	—
18			Kasten a .	200	12,5	175 000	9 150	−0,50
19			,, b .	100	12,1	175 000	4 720	—
20			,, c .	151	5,8	175 000	14 880	—
21		Querwände	Querwand I	200	5,6	175 000	20 400	+0,25
22			,, II	200	3,8	175 000	30 100	−0,25
23			,, III	200	3,6	175 000	31 800	—
24			,, IV	175	2,8	175 000	35 700	—
				l cm	J_d cm^4	$E/4$ kg/cm^2	$\varrho^* = \frac{l}{E/4 \cdot J_d}$ 1/cmkg	M_{d_1} cmkg
25	Drehmomente	Röhre	Kasten a .	200	212 000	175 000	0,539	+100
26			,, b .	100	161 000	175 000	0,920	—
27			,, c .	150	138 000	175 000	0,621	—

* Der ϱ-Wert ist mit 10^8 multipliziert.

Tabelle 19 (Fortsetzung 1).

Reihe	9	10	11	12	13
	M_2 cmkg	M_3 cmkg	M_0 cmkg	$M_1^2 \cdot \varrho$* cmkg	$M_1 \cdot M_2 \cdot \varrho$* cmkg
1	—	—	+1690000 … +1690000	+ 3850	—
2	+100 … 0	—	+1370000 … +1690000	+ 3053	+ 1526
3	0 … +100	+100 … 0	+1170000 … +1370000	—	—
4	—	0 … +100	+ 850000 … +1170000	—	—
5	—	—	+1690000 … +1690000	+ 2870	—
6	−100 … 0	—	+1370000 … +1690000	+ 2370	+ 1185
7	0 … −100	−100 … 0	+1170000 … +1370000	—	—
8	—	0 … −101	+ 850000 … +1170000	—	—
9	—	—	—	—	—
10	—	—	—	—	—
11	—	0 … + 17	—	—	—
12	—	—	—	—	—
	Q_2 kg	Q_3 kg	Q_0 kg	$Q_1^2 \cdot \varrho$* cmkg	$Q_1 \cdot Q_2 \cdot \varrho$* cmkg
13	—	—	—	—	—
14	−0,50	—	+1740 … +2720	+ 2918	− 2918
15	+1,00	−1,00	+2540 … +3050	—	—
16	—	+0,67	+2660 … +3500	—	—
17	—	—	—	—	—
18	+0,50	—	+1740 … +2720	+ 2288	− 2288
19	−1,00	+1,00	+2540 … +3050	—	—
20	—	−0,67	+2660 … +3500	—	—
21	−0,25	—	−410	+ 1275	− 1275
22	+0,75	−0,50	−200	+ 1881	− 5644
23	−0,50	+0,88	−685	—	—
24	—	−0,34	+375	—	—
	M_{d_2} cmkg	M_{d_3} cmkg	M_{d_0} cmkg	$M_{d_1}^2 \cdot \varrho$* cmkg	$M_{d_1} \cdot M_{d_2} \cdot \varrho$* cmkg
25	−100	—	−164000	+ 5390	− 5390
26	+200	−200	−240000	—	—
27	—	+117	−130000	—	—
			$\sum$	+25895	−14804

* Der ϱ-Wert ist mit 10^8 multipliziert.

Tabelle 19 (Fortsetzung 2).

Reihe	14	15	16	17	18	19	20
	$M_1 \cdot M_3 \cdot \varrho^*$ cmkg	$M_1 \cdot M_0 \cdot \varrho^*$ cmkg	$M_2^2 \cdot \varrho^*$ cmkg	$M_2 \cdot M_3 \cdot \varrho^*$ cmkg	$M_2 \cdot M_0 \cdot \varrho^*$ cmkg	$M_3^2 \cdot \varrho^*$ cmkg	$M_3 \cdot M_0 \cdot \varrho^*$ cmkg
1	—	+65065000	—	—	—	—	—
2	—	+72517000	+ 1280	—	+67631000	—	—
3	—	—	+ 3050	+ 3050	+36950000	+ 3050	+35060000
4	—	—	—	—	—	+ 3260	+51990000
5	—	− 48503000	—	—	—	—	—
6	—	−56288000	+ 2370	—	− 52496000	—	—
7	—	—	+ 1670	+ 1670	−32649000	+ 1670	−30980000
8	—	—	—	—	—	+ 3213	−50910000
9	—	—	—	—	—	—	—
10	—	—	—	—	—	—	—
11	—	—	—	—	—	+ 339	—
12	—	—	—	—	—	—	—
	$Q_1 \cdot Q_3 \cdot \varrho^*$ cmkg	$Q_1 \cdot Q_0 \cdot \varrho^*$ cmkg	$Q_2^2 \cdot \varrho^*$ cmkg	$Q_2 \cdot Q_3 \cdot \varrho^*$ cmkg	$Q_2 \cdot Q_0 \cdot \varrho^*$ cmkg	$Q_3^2 \cdot \varrho^*$ cmkg	$Q_3 \cdot Q_0 \cdot \varrho^*$ cmkg
13	—	—	—	—	—	—	—
14	—	+ 6983000	+ 2918	—	−13012000	—	—
15	—	—	+ 6210	− 6210	+17357000	+ 6210	−17357000
16	—	—	—	—	—	+ 8372	+38486000
17	—	—	—	—	—	—	—
18	—	− 5475000	+ 2288	—	+10202000	—	—
19	—	—	+ 4720	− 4720	−13192000	+ 4720	+13192000
20	—	—	—	—	—	+ 6680	−30706000
21	—	− 2091000	+ 1276	—	+ 2091000	—	—
22	+3762	+ 1505000	+16930	−11290	− 4515000	+ 7525	+ 3010000
23	—	—	+ 7950	−13990	+10892000	+24626	−19169000
24	—	—	—	—	—	—	− 4552000
	$M_{d_1} \cdot M_{d_3} \cdot \varrho^*$ cmkg	$M_{d_1} \cdot M_{d_0} \cdot \varrho^*$ cmkg	$M_{d_2}^2 \cdot \varrho^*$ cmkg	$M_{d_2} \cdot M_{d_3} \cdot \varrho^*$ cmkg	$M_{d_2} \cdot M_{d_0} \cdot \varrho^*$ cmkg	$M_{d_3}^2 \cdot \varrho^*$ cmkg	$M_{d_3} \cdot M_{d_0} \cdot \varrho^*$ cmkg
25	—	− 8840000	+ 5390	—	+ 8840000	—	—
26	—	—	+36800	−36800	−44160000	+ 36800	+44160000
27	—	—	—	—	—	+ 8500	− 9445000
Σ	+3762	+24873000	+92851	−68290	− 6061000	+114965	+22779000

* Der ϱ-Wert ist mit 10^8 multipliziert.

8. Ermittlung der endgültigen Momente und Querkräfte.

Mit den oben errechneten Werten für X_1, X_2 und X_3 lassen sich nach den Gleichungen

$$M = M_0 + M_1 \cdot X_1 + M_2 \cdot X_2 + M_3 \cdot X_3$$
$$Q = Q_0 + Q_1 \cdot X_1 + Q_2 \cdot X_2 + Q_3 \cdot X_3$$
$$M_d = M_{d_0} + M_{d_1} \cdot X_1 + M_{d_2} \cdot X_2 + M_{d_3} \cdot X_3$$

Tabelle 20.

1	2	3			4	5	6	7
Reihe	Beanspruchung	Bauteil			M_1 cmkg	M_2 cmkg	M_3 cmkg	M_0 cmkg
1	Biegemomente	Vorderholm	Rumpf		+100 / +100	—	—	+1 690 000 / +1 690 000
2			Kasten	a	0 / +100	+100 / 0	—	+1 370 000 / +1 690 000
3				b	—	0 / +100	+100 / 0	+1 170 000 / +1 370 000
4				c	—	—	0 / +100	+ 850 000 / +1 170 000
5		Hinterholm	Rumpf		−100 / −100	—	—	+1 690 000 / +1 690 000
6			Kasten	a	0 / −100	−100 / 0	—	+1 370 000 / +1 690 000
7				b	—	0 / −100	−100 / 0	+1 170 000 / +1 370 000
8				c	—	—	0 / −101	+ 850 000 / +1 170 000
9		Querwände	Querwand	I	—	—	—	—
10				II	—	—	—	—
11				III	—	—	0 / +17	—
12				IV	—	—	—	—
					Q_1 kg	Q_2 kg	Q_3 kg	Q_0 kg
13	Querkräfte	Vorderholm	Rumpf		—	—	—	—
14			Kasten	a	+0,50	−0,50	—	+1740 / +2720
15				b	—	+1,00	−1,00	+2540 / +3050
16				c	—	—	+0,67	+2660 / +3500
17		Hinterholm	Rumpf		—	—	—	—
18			Kasten	a	−0,50	+0,50	—	+1740 / +2720
19				b	—	−1,00	+1,00	+2540 / +3050
20				c	—	—	−0,67	+2660 / +3500
21		Querwände	Querwand	I	+0,25	−0,25	—	−410
22				II	−0,25	+0,75	−0,50	−200
23				III	—	−0,50	+0,88	−685
24				IV	—	—	−0,34	+375
					M_{d_1} cmkg	M_{d_2} cmkg	M_{d_3} cmkg	M_{d_0} cmkg
25	Drehmomente	Röhre	Kasten	a	+100	−100	—	−164 000
26				b	—	+200	−200	−240 000
27				c	—	—	+117	−130 000

Tabelle 20.

8	9	10	11
$M_1 \cdot X_1$ cmkg	$M_2 \cdot X_2$ cmkg	$M_3 \cdot X_3$ cmkg	$M = M_0 + M_1 X_1 + M_2 X_2 + M_3 X_3$ cmkg
114 000 … −114 000	—	—	+1 576 000 … +1 576 000
0 … −114 000	−41 600 … 0	—	+1 328 000 … +1 576 000
—	0 … −41 600	−40 700 … 0	+1 129 000 … +1 328 000
—	—	0 … −40 700	+ 850 000 … +1 129 000
114 000 … +114 000	—	—	+1 804 000 … +1 804 000
0 … +114 000	+41 600 … 0	—	+1 412 000 … +1 804 000
—	0 … +41 600	+40 700 … 0	+1 211 000 … +1 412 000
—	—	0 … +41 100	+ 850 000 … +1 211 000
—	—	—	—
—	—	—	—
—	—	0 … −6940	0 … −6940
—	—	—	—
$Q_1 \cdot X_1$ kg	$Q_2 \cdot X_2$ kg	$Q_3 \cdot X_3$ kg	$Q = Q_0 + Q_1 X_1 + Q_2 X_2 + Q_3 X_3$ kg
—	—	—	—
−507	+208	—	+1378 … +2358
—	−416	+407	+2531 … +3041
—	—	−273	+2387 … +3227
—	—	—	—
+570	−208	—	+2102 … +3082
—	+416	−407	+2549 … +3059
—	—	+273	+2933 … +3773
−285	+104	—	−591
+285	−312	+204	− 23
—	+208	−359	−836
—	—	+139	+514
$M_{d_1} \cdot X_1$ cmkg	$M_{d_2} \cdot X_2$ cmkg	$M_{d_3} \cdot X_3$ cmkg	$M_d = M_{d_0} + M_{d_1} X_1 + M_{d_2} X + M_{d_3} \cdot X_3$ cmkg
−114 000	+41 600	—	−236 400
—	−83 200	+81 400	−242 800
—	—	−47 600	−178 600

Tabelle 21.

1	2	3	4	5	6	7
Reihe	Beanspruchung	Bauteil	$M_i = M_1 + M_2 + M_3$ cmkg	M cmkg	ϱ^* 1/cmkg	$M_i \cdot M \cdot \varrho^*$ cmkg
1	Biegemomente	Vorderholm: Rumpf. . .	+100	+1 576 000 … +1 576 000	0,385	+ 60 676 000
2		Kasten *a*. .	+100	+1 328 000 … +1 576 000	0,916	+133 022 000
3		,, *b*. .	+100	+1 129 000 … +1 328 000	0,567	+ 69 676 000
4		,, *c*. .	0 … +100	+ 850 000 … +1 129 000	0,978	+ 50 670 000
5		Hinterholm: Rumpf. . .	−100	+1 804 000 … +1 804 000	0,287	− 51 775 000
6		Kasten *a*. .	−100	+1 412 000 … +1 804 000	0,711	−114 315 000
7		,, *b*. .	−100	+1 211 000 … +1 412 000	0,501	− 65 689 000
8		,, *c*. .	0 … −101	+ 850 000 … +1 211 000	0,946	− 52 108 000
9		Querwände: Querwand I.	—	—	4,39	—
10		,, II.	—	—	4,60	—
11		,, III.	0 … +17	0 … −6940	3,52	− 138 000
12		,, IV.	—	—	5,82	—
			$Q_i = Q_1 + Q_2 + Q_3$ kg	Q kg	ϱ^* cm/kg	$Q_i \cdot Q \cdot \varrho^*$ cmkg
13	Querkräfte	Vorderholm: Rumpf. . .	—	—	10 200	—
14		Kasten *a*. .	—	+1378 … +2358	11 670	—
15		,, *b*. .	—	+2531 … +3041	6210	—
16		,, *c*. .	+0,67	+2387 … +3227	18 650	+ 35 075 000
17		Hinterholm: Rumpf. . .	—	—	7140	—
18		Kasten *a*. .	—	+2102 … +3082	9150	—
19		,, *b*. .	—	+2549 … +3059	4720	—
20		,, *c*. .	−0,67	+2933 … +3773	14 880	− 33 428 000
21		Querwände: Querwand I.	—	−591	20 400	—
22		,, II.	—	− 23	30 100	—
23		,, III.	+0,34	−836	31 800	− 9 039 000
24		,, IV.	−0,34	+514	35 700	− 6 239 000
			$M_{d_i} = M_{d_1} + M_{d_2} + M_{d_3}$ cmkg	M_d cmkg	ϱ^* 1/cmkg	$M_{d_i} \cdot M_d \cdot \varrho^*$ cmkg
25	Drehmomente	Röhre: Kasten *a*. .	—	−236 400	0,539	—
26		,, *b*. .	—	−242 800	0,920	—
27		,, *c*. .	+117	−178 600	0,621	− 12 904 000
						$\sum$ + 3 484 000

* Der ϱ-Wert ist mit 10^8 multipliziert.

die endgültigen Momente und Querkräfte in den Holmen und Querwänden sowie die Drehmomente in den Torsionskästen bestimmen. Die praktische Durchführung erfolgt in Tabelle 20. Zu erwähnen ist

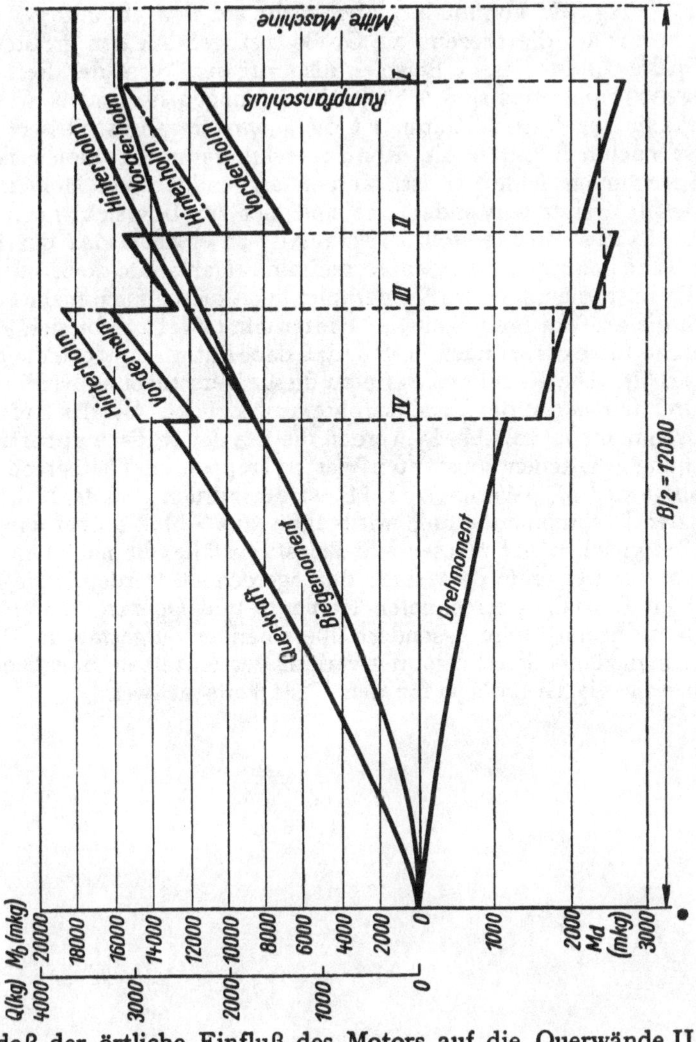

Abb. 83.

noch, daß der örtliche Einfluß des Motors auf die Querwände II und III in dieser Berechnung noch nicht enthalten ist.

9. Kontrolle für die statisch unbestimmte Berechnung.

Die in Tabelle 21 durchgeführte Kontrollrechnung erstreckt sich über die Tabellen 19 und 20 sowie über die Auflösung der Gleichungen. Der

Kontrollwert (die Summe der Spalte 7) hat hier eine Größe von 3484000 cmkg. Wenn man hier berücksichtigt, daß der ϱ-Wert auf den 10^8fachen Betrag erhöht ist, dann ist der wirkliche Kontrollwert 0,03484 cmkg. Es kommt hier aber nicht auf den absoluten Wert an, sondern nur auf die prozentuale Größe, bezogen auf den größten Wert der Spalte 7. In diesem Beispiel, also auf den Wert der Reihe 2 auf 133022000 cmkg, das sind 2,6%. Abweichungen bis zu 3% werden in der Praxis zugelassen. Damit ist die Kontrolle abgeschlossen.

Erst nachdem durch die Kontrollrechnung nachgewiesen ist, daß die Berechnung fehlerfrei ist, werden die endgültigen Momente und Querkräfte weiter verwendet. Sie sind hier zur Übersicht noch einmal in Abb. 83 zusammengestellt. Hieraus ist zu ersehen, daß der Hinterholm mehr belastet ist als der Vorderholm. Man sollte doch annehmen, daß die Last, die näher am Vorderholm liegt, diesen auch mehr belastet. Durch die größere Steifigkeit des Hinterholmes verschiebt sich aber die elastische Linie derart nach hinten, daß der Hinterholm doch die größere Last erhält. Die Reaktionskräfte zu dieser Verschiebung werden durch das Drehmoment in der Torsionsröhre ausgedrückt. Bei der Auftragung der Drehmomente in Abb. 83 werden die aus der statisch unbestimmten Rechnung erhaltenen konstanten Werte (Treppenlinie) entsprechend der Annahme der M_{d_0}-Werte (Abb. 71) wieder zurück geändert. Die Steigung der Drehmomentenlinie wird dafür aus Abb. 71 übernommen.

In der gleichen Art müssen alle Belastungsfälle, die nach den Festigkeitsvorschriften gefordert sind, durchgerechnet werden. Die in den einzelnen Lastfällen errechneten Momente und Querkräfte werden am besten für jeden Holm gesondert übereinander aufgetragen. Dadurch erhält man dann den Belastungsverlauf der einzelnen Bauglieder und gleichzeitig die Grundlage für den Festigkeitsnachweis.

Kolibri 360 GmbH
Ferdinand-Jühlke-Straße 7
99095 Erfurt, Deutschland
produktsicherheit@kolibri360.de